電子工作
Hi-Tech
シリーズ

周波数コンバータやプリアンプを手作り！ 1200MHzまでバッチリ受信！
ワンセグUSBドングルで作る
オールバンド・ソフトウェア・ラジオ

鈴木憲次 [著]
Kenji Suzuki

CQ出版社

はじめに

　広帯域受信機で電波の世界をのぞいてみると，いろいろな型式の電波が，さまざまな周波数で飛び交っていることがわかります．広帯域受信機が手もとに1台あれば，エア・バンドやアマチュア無線の世界をのぞいて楽しんでみることができるのです．

　ところで広帯域受信機を手に入れるには，市販品を購入すれば簡単ですが，数万円以上の費用がかかります．また読者の中には作ってしまう猛者もいるかもしれませんが，高い技術力とそれなりの部品代が必要です．

　本書では，パソコンとUSB接続のワンセグ・チューナを使って，広帯域受信機として動作させることにしました．1,000円台の費用＋ほんの少しの技術力で，広帯域受信機を手に入れることができます．ここで，パソコンとワンセグ・チューナで，広帯域受信機に？という疑問に答えるために，その方式について簡単に触れておきましょう．

　従来からの方法の電子回路だけで広帯域受信機を設計して製作しようとすると，周波数ごとのフィルタや電波型式ごとの復調（検波）回路などの数多くの電子回路が必要になり，かなり複雑な構成になります．まして設計変更をともなうときには，部品配置など多くの変更が必要になり，最初から設計し直すのと変わらない労力が必要です．

　それに対してソフトウェア・ラジオ（SDR）は，CPUを内蔵し，プログラムによる算術演算機能で信号処理をしています．つまり電子回路をプログラムに置き換えることで，電子回路に必要になる膨大なICやトランジスタなどの素子を省く方式で，プログラムの変更のみで設計変更が可能になります．電子回路に比べると実行速度は遅くなるという欠点がありますが，電子回路とプログラムをうまく組み合わせることで，弱点を補うことが可能になります．

　本書で扱うソフトウェア・ラジオでは，パソコンにインストールしたHDSDRというフリーウェアで，ワンセグ・チューナ用のUSBドングルを広帯域受信機にしています．そこで本書は，まず広帯域受信機にする方法を，つぎに付加回路を製作して性能や機能を向上させる方法について以下のような順序で説明しています．

　第1章では，ソフトウェア・ラジオ用のソフトのHDSDRとドライバ用ソフトをインストールして，まずは広帯域受信機として動作させる手順を説明します．つまりUSB接続のワンセグ・チューナをパソコンに接続してドライバとソフトウェアをインストールすれば広帯域受信機になります．このときかかる費用は1,500円程度です．

　第2章では，強力な中波や地デジ放送電波の妨害を受けないようにするフイルタの設計と製作と，感度不足を補う広帯域アンプの設計と製作をします．

　第3章では，干渉妨害の影響を受けにくくするためのプリセレクタの設計と製作をします．

　第4章では，クリコンの設計と製作をし，最低受信周波数が50MHz程度のワンセグ・チューナで短波帯が受信できるようにします．

　第5章では，広帯域受信に対応したアンテナの設計と製作を取り上げています．

　それではパソコンとワンセグ・チューナで，広帯域受信を楽しんでください．

2013年8月　筆者

ワンセグ USB ドングルで作るオールバンド・ソフトウェア・ラジオ

目次

はじめに ……………………………………………………………………………………… 2

付属 CD-ROM について ……………………………………………………………………… 9

第1章
ワンセグ・チューナで広帯域受信を体験してみよう　　　11

▶1-1　受信機の基本構成 ……………………………………………………………… 12
- スーパーへテロダイン方式　12
- ダイレクト・コンバージョン方式　12
- 直交ミキサ　13

▶1-2　USB 接続のワンセグ・チューナ ……………………………………………… 14
- ワンセグ・チューナを選ぶ　14
- ワンセグ・チューナの内部ブロック　16

▶1-3　ソフトウェア・ラジオのシステム ………………………………………………… 16

▶1-4　ソフトウェア・ラジオ「HDSDR」のインストール ……………………………… 17
① HDSDR のホームページ　18
② ファイルのダウンロード・セキュリティの警告「実行（R）」をクリック　18
③ Internet Explorer のセキュリティの警告「実行する（R）」をクリック　19
④ ダウンロード中　19
⑤ HDSDR セットアップウィザードの開始で「次へ(N)>」をクリック　19
⑥ 使用許諾契約書の同意　20
⑦ インストール先の指定　20
⑧ インストール先をあとから探しやすいように「C:¥HDSDR」に変更　21
⑨ プログラムグループの指定　21
⑩ インストール準備完了　22
⑪ HDSDR セットアップウィザードの完了　22
⑫ HDSDR が起動する　23

▶1-5　ドライバのインストール「ExtIO_USRP+FCD+RTL2832U+BorIP-BETA」…… 23
① ドライバの公開サイト　24
② ドライバのダウンロード　24

目　次

　　③ ダウンロード中　25

　　④ セキュリティの警告　25

　　⑤ インストール　26

　　⑥ ライセンスの同意　26

　　⑦ コンポーネントの選択　27

　　⑧ インストール先の指定　27

　　⑨ スタート・メニューのフォルダ　28

　　⑩ Zadig のガイド　28

　　⑪ ドライバのインストール　29

　　⑫ Visual C++ 2008 のセットアップ　29

　　⑬ Visual C++ 2008 ライセンスの同意　30

　　⑭ VC++ のリペア　30

　　⑮ VC++ のセットアップ終了　31

　　⑯ ドライバのセットアップ　31

　　⑰ ドライバのセットアップ中　32

　　⑱ ドライバのセットアップの終了　32

▶ **1-6　ドライバを認識させる** ……………………………………………………………… 33

　　① 新しいハードウェアの検出ウイザード　33

　　② ハードウェアのインストール方法　33

　　③ ハードウェア・ウィザードの終了　34

　　④ zadig でドライバを認識させる　35

　　⑤ デバイス・メニュー　35

　　⑥ デバイスを選ぶ　36

　　⑦ インストール中　36

　　⑧ インストール終了　37

　　⑨ デバイス・マネージャーで確認　37

▶ **1-7　ソフトウェア・ラジオで受信** ……………………………………………………… 38

　　● アンテナの準備　38

　　● HDSDR の準備　38

　　● 受信してみる　40

▶ **1-8　HDSDR の設定** ……………………………………………………………………… 42

　　● 信号処理　42

目　次

- ウォーターフォール画面の大きさ調整　43
- ウォーターフォールとスペクトラムの設定　43
- 周波数の校正　44
- 周波数メモリ　44
- 音声信号のサンプリング・レート　44

▶ 1-9　ソフトウェア・ラジオを使ってみると ……………………………………………… 46

 Column 1-1　　直交ミキサの原理　14

 Column 1-2　　HDSDR とパソコンのスペック　17

 Column 1-3　　ワンセグ・チューナに放熱用の穴をあける　34

 Column 1-4　　同軸ケーブルとコネクタ　40

第2章
フィルタの設計・製作　47

▶ 2-1　フィルタの挿入 ……………………………………………………………………… 48

▶ 2-2　ハイパス・フィルタの設計 ………………………………………………………… 49

- ハイパス・フィルタの構成と動作　49
- 設計仕様　50
- T 型フィルタの設計　51

▶ 2-3　ハイパス・フィルタの製作 ………………………………………………………… 52

- ユニバーサル基板を選ぶ　52
- インダクタンス値からコイルの形状を決める　52
- コイルを巻く　53
- 基板に部品を取り付ける　54
- コネクタ部分を作る　56
- 完成したハイパス・フィルタ　56
- ハイパス・フィルタの特性　57

▶ 2-4　ローパス・フィルタの設計 ………………………………………………………… 58

- ローパス・フィルタの構成と動作　59
- 設計仕様　59
- π 型フィルタを設計　59

▶ 2-5　ローパス・フィルタの製作 ………………………………………………………… 60

目次

- ● ユニバーサル基板を選ぶ　60
- ● コイルの形状を決める　60
- ● コイルを巻く　60
- ● 基板に部品を取り付ける　60
- ● 完成したローパス・フィルタ　62
- ● ローパス・フィルタの特性　63

▶ 2-6　ハイパス・フィルタと広帯域アンプの組み合わせ …………………………………… 63
- ● 広帯域アンプ用 IC を選ぶ　63
- ● 広帯域アンプと地デジ・チューナのインピーダンス・マッチング　64
- ● 広帯域アンプの設計　64
- ● 基板に部品を取り付ける　64
- ● 完成したハイパス・フィルタと広帯域アンプ　64
- ● 広帯域アンプとハイパス・フィルタの特性　66

　　Column 2-1　　インピーダンス・マッチング　57

第3章
プリセレクタの設計と製作　　69

▶ 3-1　プリセレクタとは ………………………………………………………………………… 70
- ● プリセレクタで選択度を向上させる　70
- ● プリセレクタの構成　72

▶ 3-2　プリセレクタの動作と設計 ……………………………………………………………… 72
- ● 高周波増幅回路　72
- ● LC 共振回路　72

▶ 3-3　プリセレクタの製作 ……………………………………………………………………… 75
- ● コイルの形状　75
- ● コイルを巻く　77
- ● 基板を加工する　78

▶ 3-4　プリセレクタの調整 ……………………………………………………………………… 83
- ● 完成したプリセレクタ　84
- ● プリセレクタの特性　85

　　Column 3-1　　ポリ・バリコンを 2 個にする　78

目次

Column 3-2　簡易信号発生器を製作する　80

第4章
クリスタル・コンバータの設計/製作　87

▶ 4-1　クリスタル・コンバータとは？　88
- クリスタル・コンバータで短波帯を受信する　88
- クリスタル・コンバータの校正　88

▶ 4-2　回路の動作と設計　89
- TA7358APG の仕様　89
- 高周波増幅回路は広域帯増幅で　89
- 周波数変換はダブル・バランスド・ミキサ　91
- 水晶発振回路はオーバートーン発振回路　91
- LC 共振回路の周波数を 60MHz に　92

▶ 4-3　クリスタル・コンバータの製作　95
- ユニバーサル基板を選ぶ　95
- 高周波増幅/混合回路の TA7358APG　96
- コイル T_1 と T_2　96
- 水晶振動子　96
- 基板に取り付ける　98

▶ 4-4　クリスタル・コンバータの調整　98
- 水晶発振回路の調整　98
- 混合回路の調整　100
- クリスタル・コンバータの特性　101

▶ 4-5　完成したクリスタル・コンバータ　101

Column 4-1　ダブル・バランスド・ミキサの原理　93
Column 4-2　共振回路の特性　94

第5章
受信アンテナの設計・製作　103

▶ 5-1　電波とは　104
- 電波の発生　104

目　次

- ● 垂直偏波と水平偏波　104
- ● 電波の波長　105

▶ **5-2　ダイポール・アンテナの製作** ……………………………………………… 106
- ● 半波長ダイポール・アンテナとは？　106
- ● 半波長ダイポール・アンテナの受信周波数　106
- ● 製作　107
- ● 完成した半波長ダイポール・アンテナ　108

▶ **5-3　ディスコーン・アンテナの製作** …………………………………………… 110
- ● ディスコーン・アンテナとは？　110
- ● ディスコーン・アンテナの最低受信周波数　110
- ● ディスクの製作　111
- ● コーンの製作　112
- ● ディスコーン・アンテナを組み立てる　114

索　引 …………………………………………………………………………………… 116
著者略歴 ………………………………………………………………………………… 119
おわりに ………………………………………………………………………………… 119

付属CD-ROMについて

付属CD-ROMには，本書の解説に使ったHDSDRとドライバなど(ExtIO_USRP+FCD+RTL2832U + BorIP)を収録しています．
インストール方法，使い方は，本書の解説をご覧ください．

● ドライバ

ExtIO_USRP+FCD+RTL2832U+BorIP_Setup.zip
※ 解凍後，インストールしてください．

● SDRソフトウェア

HDSDR_install.exe
※ ダブルクリックしてインストールを開始してください．

ExtIO_USRP+FCD+RTL2832U + BorIP は GPL です．
HDSDR はフリーウェアです．

ExtIO_USRP+FCD+RTL2832U + BorIP のソースコードはこちらをご覧ください(http://wiki.spench.net/wiki/USRP_Interfaces)，また，各ソースコードは，以下を参照してください．

Ettus Research (the UHD software)
http://code.ettus.com/redmine/ettus/projects/uhd/wiki

XmlRpc++
http://xmlrpcpp.sourceforge.net/

legacy 'libusrp' from the GNU Radio project
http://gnuradio.org/redmine/projects/gnuradio/wiki

OsmoSDR's rtl-sdr project
http://sdr.osmocom.org/trac/wiki/rtl-sdr

第1章
ワンセグ・チューナで広帯域受信を体験してみよう

- ▶1-1　受信機の基本構成
- ▶1-2　USB接続のワンセグ・チューナ
- ▶1-3　ソフトウェア・ラジオのシステム
- ▶1-4　ソフトウェア・ラジオ「HDSDR」のインストール
- ▶1-5　ドライバのインストール
　　　　「ExtIO_USRP+FCD+RTL2832U+BorIP-BETA」
- ▶1-6　ドライバを認識させる
- ▶1-7　ソフトウェア・ラジオで受信
- ▶1-8　HDSDRの設定
- ▶1-9　ソフトウェア・ラジオを使ってみると

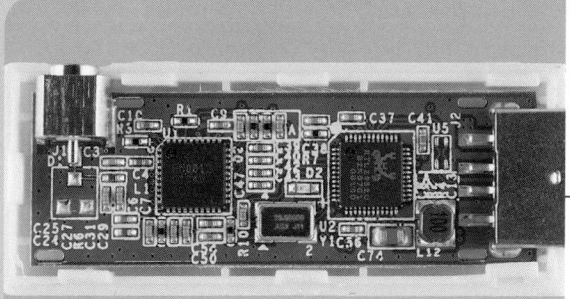
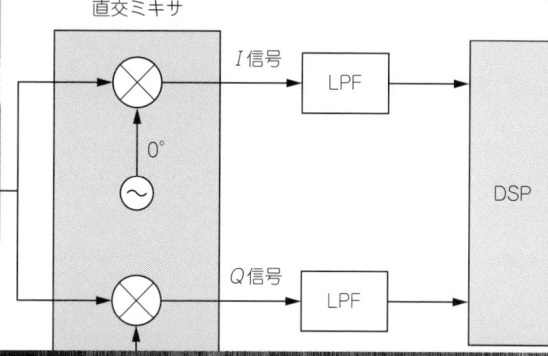

パソコンにつなぐワンセグ・チューナのなかには，ソフトウェア・ラジオ(SDR：Software Defined Radio)として動作するものがあります．フリーで提供されている制御用ソフトと組み合わせれば，50MHz から1000MHz以上の周波数で，AM，FM，SSB，CWなどを受信できる広帯域のソフトウェア・ラジオになります．

ここではソフトウェア・ラジオの原理を調べ，フリー・ソフトウェアをダウンロードして電波の世界をのぞいてみることにします．

1-1　受信機の基本構成

● スーパーヘテロダイン方式

図1-1はスーパーヘテロダイン方式と呼ばれる受信機の構成で，テレビやラジオでは主流になっている方式です．アンテナからの信号をLC共振回路のフィルタで選択し，周波数変換回路で中間周波信号に変換します．中間周波数は受信周波数より低い周波数で，FM受信機では10.7MHz，AM受信機では455kHzに設定されます．

中間周波増幅回路のフィルタで必要な周波数帯域の信号を選択し，その信号を検波して信号波にします．フィルタには，選択性にすぐれたクリスタル・フィルタやセラミック・フィルタが使われているので，必要な帯域外の信号をバッサリ切り落とすことができます．

● ダイレクト・コンバージョン方式

スーパーヘテロダイン方式では，周波数変換をしたあとに検波して信号波にしていましたが，ダイレクト・コンバージョン方式では周波数変換の段階で信号波にします．

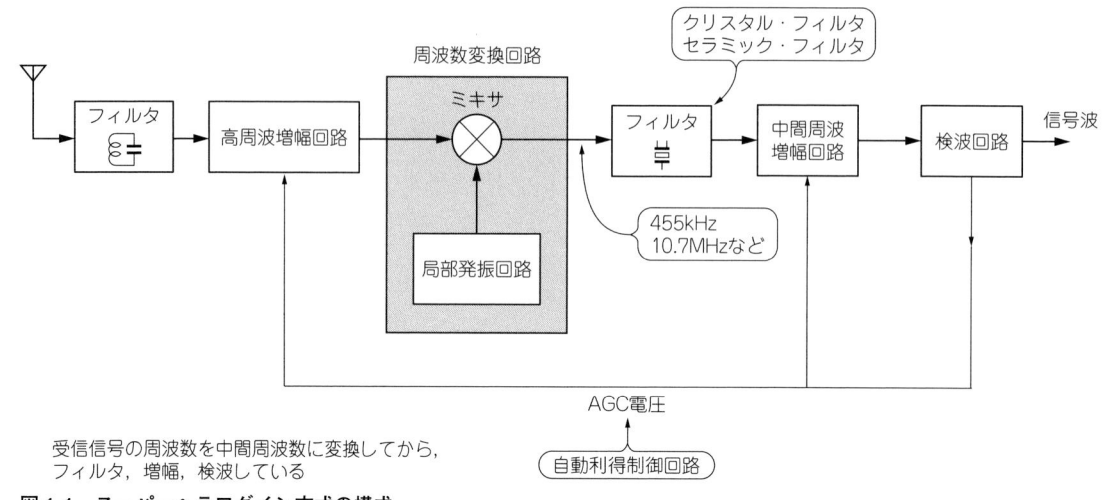

受信信号の周波数を中間周波数に変換してから，フィルタ，増幅，検波している

図1-1　スーパーヘテロダイン方式の構成

図1-2は，ダイレクト・コンバージョン方式(DC：direct conversion)の構成で，ホモダイン方式(homodyne)とも呼ばれています．受信周波数をf_c，局部発振周波数をf_{osc}とすると，その差の周波数f_sの信号波を得ることができます．

例として，f_cを1001kHz，f_{osc}を1000kHzとすると，差のf_sは1kHzになるので，検波して低周波信号にしたことになります．ここで，隣接した周波数の信号はローパス・フィルタによって取り除くことができますが，たとえばf_cが999kHzのときにもf_cとf_{osc}の差は1kHzになるので混信が起こります．

● 直交ミキサ

図1-3のようなダイレクト・コンバージョン方式の受信機では，直交ミキサ(quadrature mixer)に，二つの信号の位相差が90°になっている局部発振信号を加えます．そして，位相が0°のミキサからI信号を，

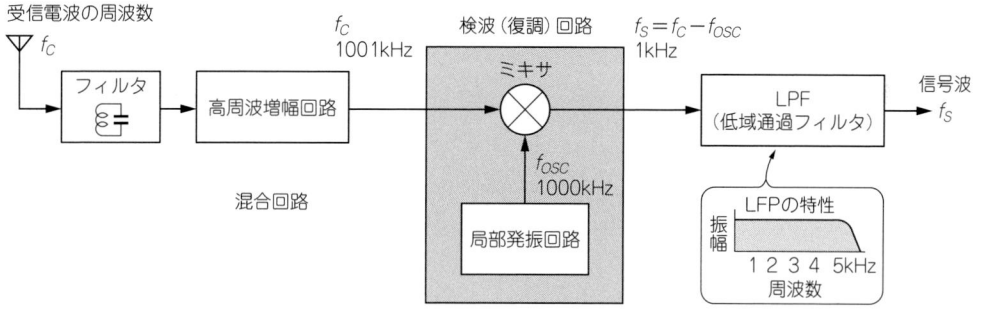

図1-2 ダイレクト・コンバージョン方式

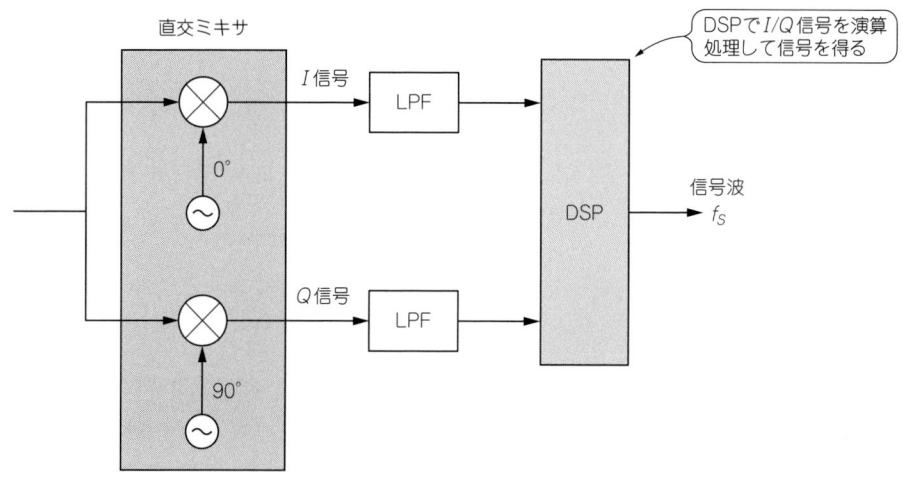

図1-3 直交ミキサ

1-1 受信機の基本構成　13

Column 1-1　直交ミキサの原理

　ダイレクト・コンバージョン方式では，直交ミキサで得られたI信号とQ信号を演算処理して信号波にしています．そこで，I信号とQ信号から信号波を復調する原理を考えてみましょう．

　その前に，変調のしくみを簡単に説明すると，振幅変調（AM）は搬送波の振幅を変え，周波数変調（FM）は周波数を変えています．

　直交ミキサによるIQ復調の原理をわかりやすくするために，**図コラム1-1(a)**のように搬送波の瞬時値を回転ベクトルで表してみます．直交ミキサでは，**図(b)**のように，搬送波からベクトルのX軸成分になるI信号と，Y軸成分のQ信号に分解して取り出しています．ここで搬送波の振幅をV，位相をθとして演算処理すると，

$$V = \sqrt{I^2 + Q^2}$$

$$\theta = \tan^{-1}\frac{Q}{I}$$

で求めることができます．実際の回路ではDSPで演算処理をして，振幅Vを復調すればAM検波に，位相θを復調すれば位相検波（≒FM検波）になります．

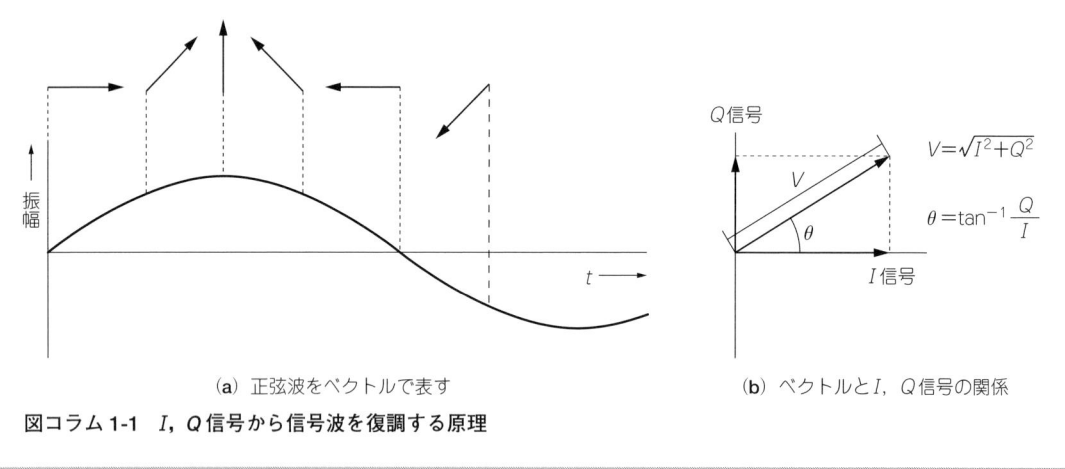

(a) 正弦波をベクトルで表す　　(b) ベクトルとI, Q信号の関係

図コラム1-1　I, Q信号から信号波を復調する原理

90°のミキサからはQ信号を得ます．

　I信号とQ信号は，ローパス・フィルタ（LPF）を通してから，DSP（Digital Signal Processor）で演算処理します．つまり，受信機に必要な検波回路やフィルタ回路を，演算処理に置き換えています．

1-2　USB接続のワンセグ・チューナ

● ワンセグ・チューナを選ぶ

　市販されているワンセグ・チューナの中でソフトウェア・ラジオにできるのは，チューナ用ICに

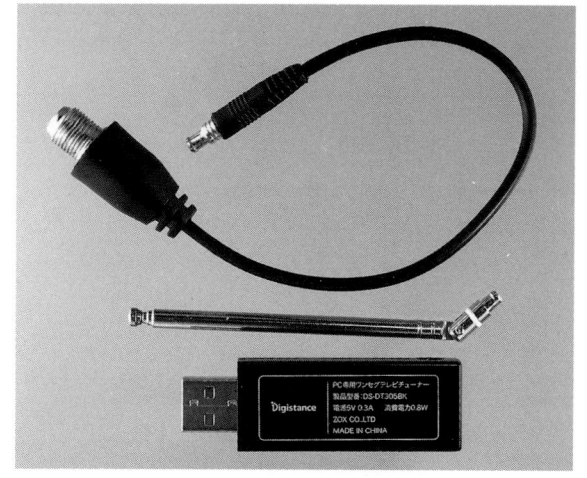

（a）ゾックス DS-DT305　　　　　　　　　（b）レッドスパイス LT-DT306 と LT-DT309

写真 1-1　ソフトウェア・ラジオ用に選んだワンセグ・チューナ

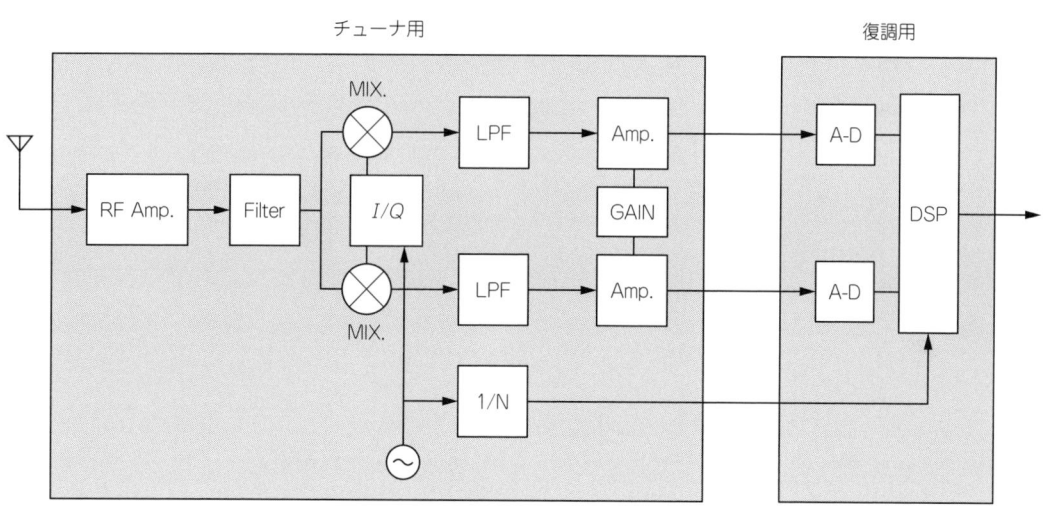

DS-DT305では，チューナ用ICはfc0012で，復調用ICはRTL2832Uになっている

図 1-4　ワンセグ・チューナのブロック図

e4000，fc0012，fc0013，fc2580 のいずれかが使用され，DSP 用 IC に RTL2832U が使用されているものです．この条件で，入手しやすく価格も 1,000 ～ 1,500 円と手ごろなものを探してみました．

　選んだのは，**写真 1-1(a)** のゾックス DS-DT305 と，**写真 1-1(b)** のレッドスパイス LT-DT306 と LT-DT309 です．DS-DT305 には，外部アンテナ接続用の F 型変換ケーブルが付属しているので，お買い得感があります．

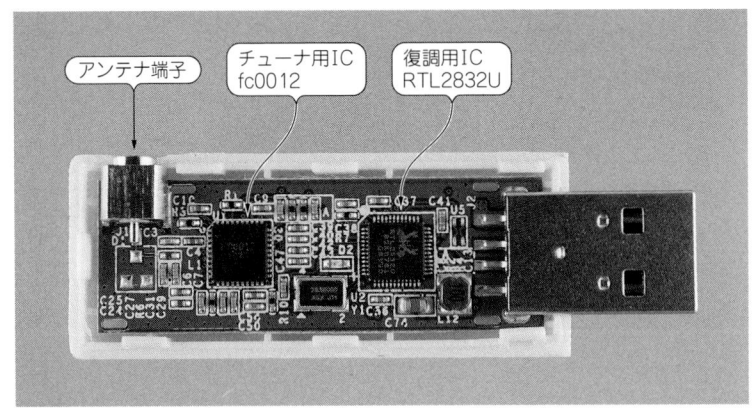

写真1-2　ゾックス DS-DT305 の内部

● ワンセグ・チューナの内部ブロック

　ワンセグ・チューナは，図1-4 のブロック図のようにチューナ用 IC と DSP 用 IC という構成になっています．DS-DT305 の内部をのぞいてみると，写真1-2 のようにチューナ用 IC は fc0012 で DSP 用 IC は RTL2832U です．

　LT-DT306 と 309 は，fc0013 と RTL2832U の組み合わせです．チューナ用 IC の型番は，このあとにインストールするドライバのデバイス設定で必要になります．

1-3　ソフトウェア・ラジオのシステム

　ワンセグ・チューナをソフトウェア・ラジオ化するには，ハードウェアとしてパソコンとワンセグ・チューナとアンテナが必要です．ソフトウェアには，ワンセグ・チューナを制御するソフトとワンセグ・チューナをパソコンに認識させるドライバ・ソフトが必要になります．

　ここでは，制御用に Windows で動作する"HDSDR"というフリー・ソフトウェアを，ドライバ用に"RTL2832U"のソフトをインストールすることにします．なお，HDSDR は広帯域 FM の FM 放送には対応していません．

　ところで，HDSDR を動作させるには，ある程度のスペックのパソコンが必要です．あまり性能の高くないパソコンでは正しく動作しません．クロック周波数が 2GHz 以上の CPU を推奨します．ちなみに，Windows7 で CPU が corei5 というパソコンで動作させると，CPU 使用率は Total は 20 〜 30%になり，なめらかで聞きやすい音声になりました．これを目安にしてください．

Column 1-2　HDSDRとパソコンのスペック

　HDSDRを動作させためには，スペックの高いパソコンが必要になります．そこで，実際に手持ちのパソコンでテストしたところ，**表コラム1-1**のような結果になりました．

　スペックの低いパソコンで間に合わせたいときには，次のように設定を変更してCPUの使用率を下げることで動作させる方法があります．ただし，音声信号が聞こえればOKという設定になるので，スペックの高いパソコンの音声に比べると音質が悪くなります．

① 「ExtIO」→「Device hint:」の画面で，「RTL readlen=131072 tuner=fc0012」を「RTL readlen=262144 tuner=fc0012」→「Creat」で設定しなおします．readlenの数値は，512の倍数で設定することができ，数値を大きくするとCPUの使用率が下がります．

② 「Bandwidth」をクリックして，「Sampling rates」を「8000」に設定します．
　サンプリング周波数が8000Hzなので，音声信号の最高周波数は4000Hzになります．
　電話の周波数帯域が300～3400Hzということから，アマチュア無線やエア・バンドの受信では，問題なく復調できます．

③ 「Spectrum」の「Speed」スライダを左端にして，スペクトラム表示の速度を落とします．

　設定変更したパソコンのスペックは，
OS　：Windows Vista Home 32bit
CPU　：AMD Turion 64×2　1.6GHz
RAM：2GB
です．元の設定では，CPU Totalが95～100%で警告の赤表示が頻繁に出ていましたが，設定変更後はCPU Totalが82～87%になり安定しました．

表コラム1-1　HDSDRを動作させたときのCPU使用率

	OS	CPU	メモリ	CPU Total 使用率[%]	音声信号の品質
パソコン1	WindowsXP　32bit	Atom N270／1.6GHz	2GB	100	×
パソコン2	WindowsXP　32bit	Pentium4／2.6GHz	2GB	90	△
パソコン3	Windows Vista　32bit	AMD Turion 64×2／1.6GHz	2GB	95	△
パソコン4	Windows Vista　32bit	AMD Athlon 64×2／2GHz	3GB	30	○
パソコン5	Windows 7　64bit	Core i5／2.5GHz	8GB	15	◎

注：AMモードでエア・バンド受信
　　CPUの使用率は変動するので大まかな値

1-4　ソフトウェア・ラジオ「HDSDR」のインストール

　先にソフトウェア・ラジオ用のHDSDRをインストールしますが，もちろんインターネットに接続できる環境で行います．最初は，ワンセグ・チューナをUSBポートに差し込まないで，パソコン単体で進めていきます．

① HDSDRのホームページ

http://www.hdsdr.de/ に接続して，左下にある「DOWNLOAD」をクリック

② ファイルのダウンロード・セキュリティの警告「実行(R)」をクリック

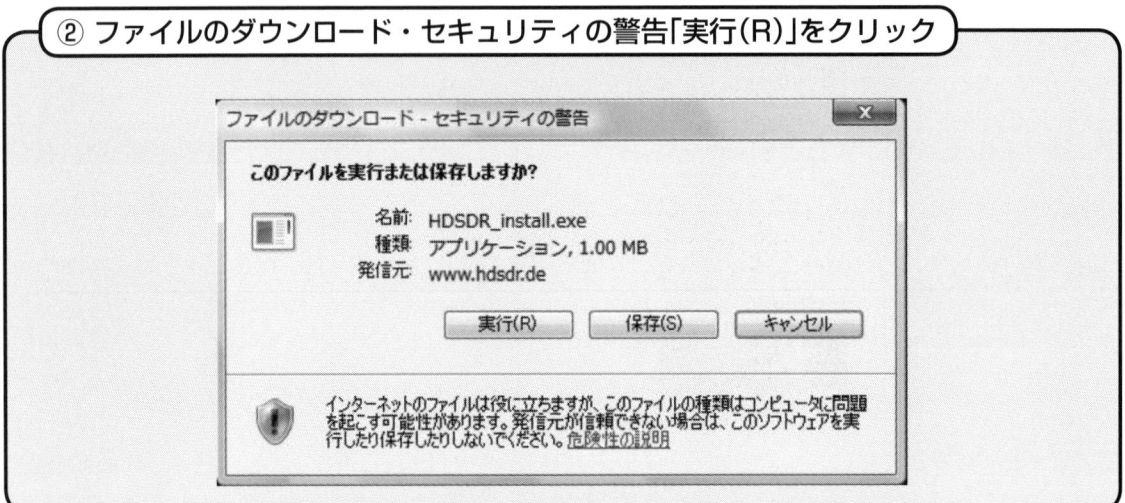

③ Internet Explorer のセキュリティの警告「実行する(R)」をクリック

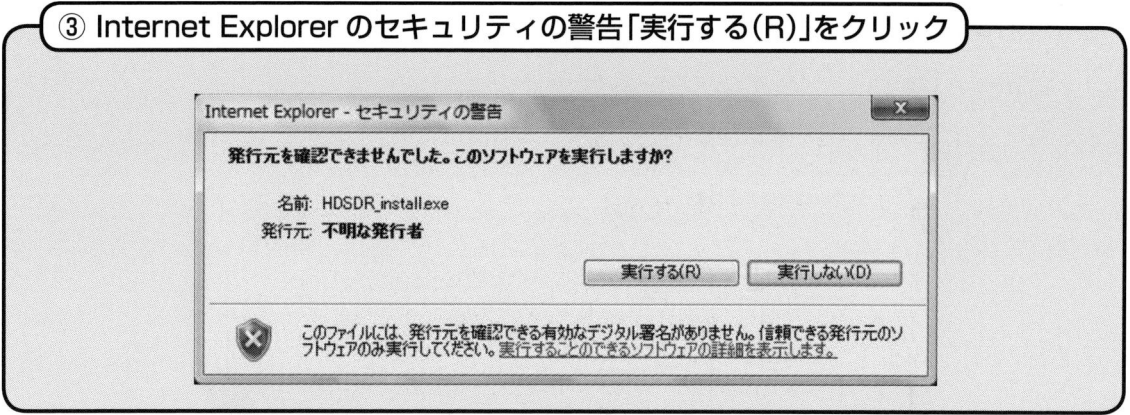

④ ダウンロード中

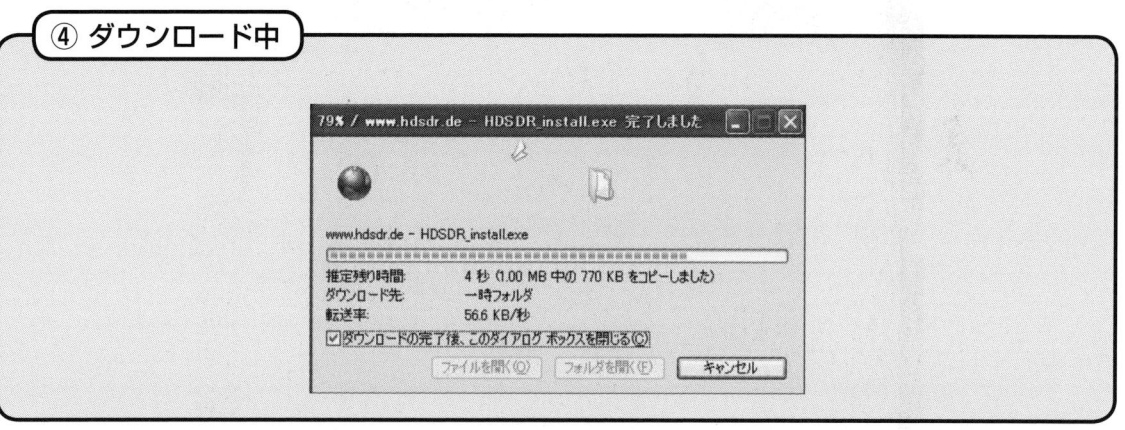

⑤ HDSDR セットアップウィザードの開始で「次へ(N)>」をクリック

⑥ 使用許諾契約書の同意

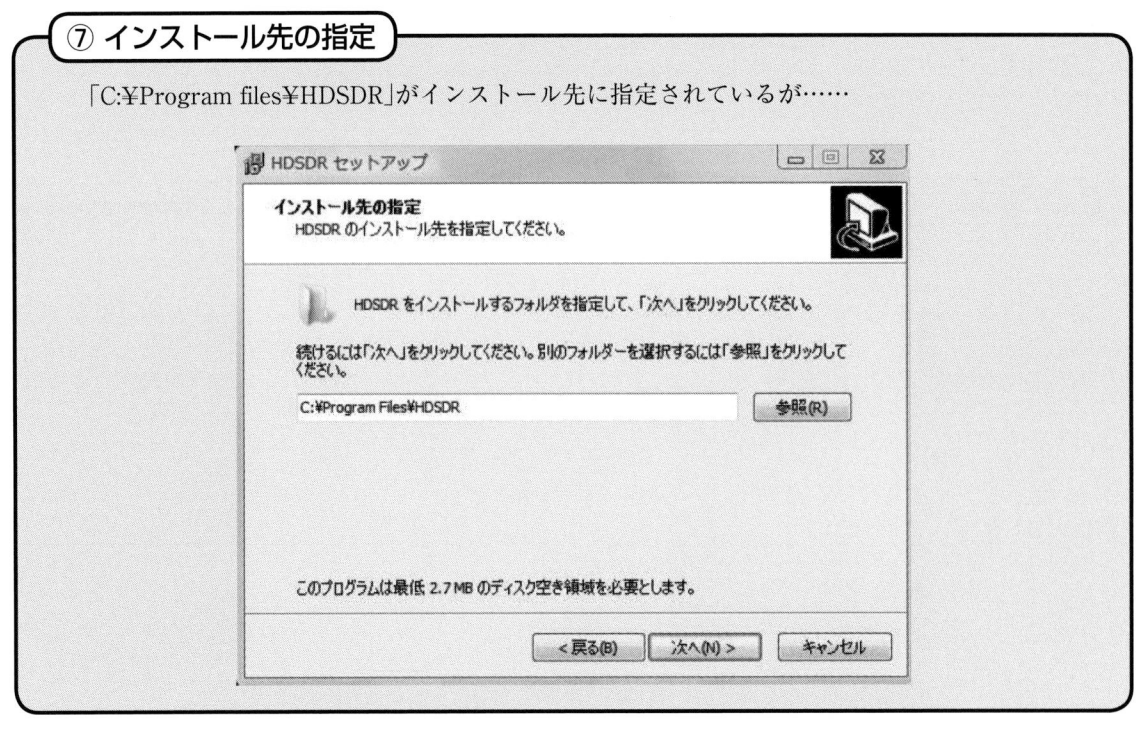

「同意する(A)」にチェックを入れてから，「次へ(N)>」をクリック

⑦ インストール先の指定

「C:¥Program files¥HDSDR」がインストール先に指定されているが……

⑧ インストール先をあとから探しやすいように「C:¥HDSDR」に変更

⑨ プログラムグループの指定

フォルダ HDSDR にアイコンを作成することにして，「次へ(N)>」をクリック

1-4 ソフトウェア・ラジオ「HDSDR」のインストール

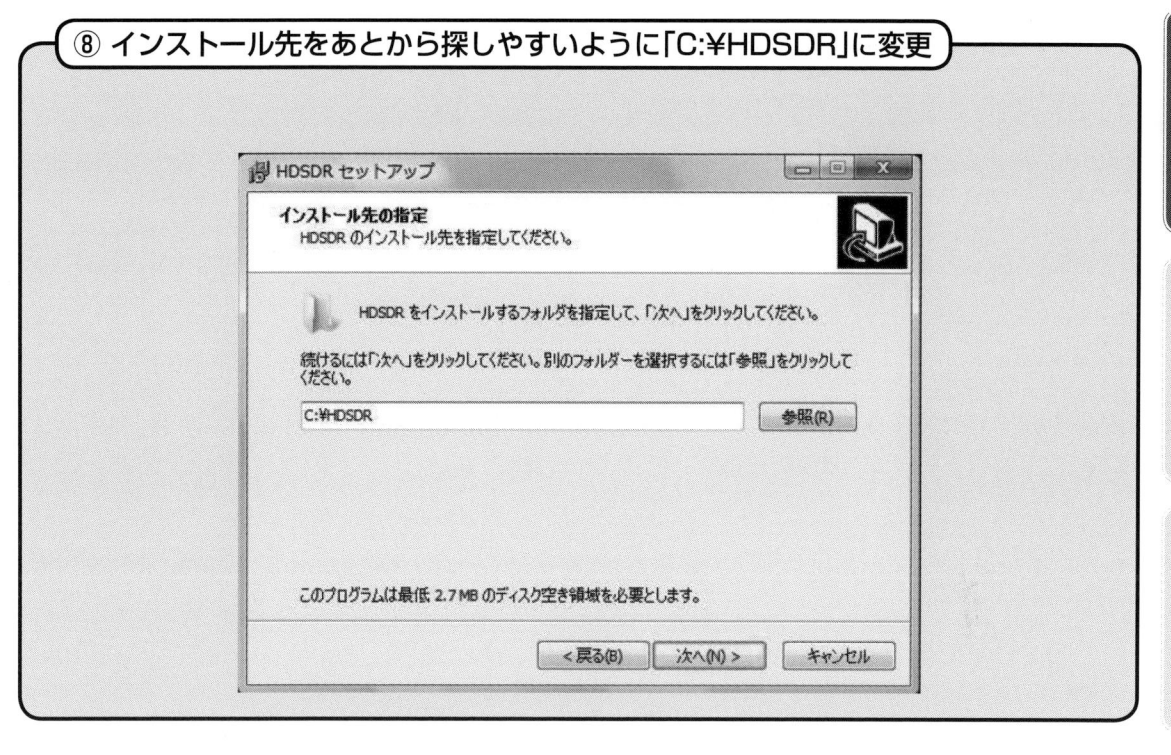

⑩ インストール準備完了

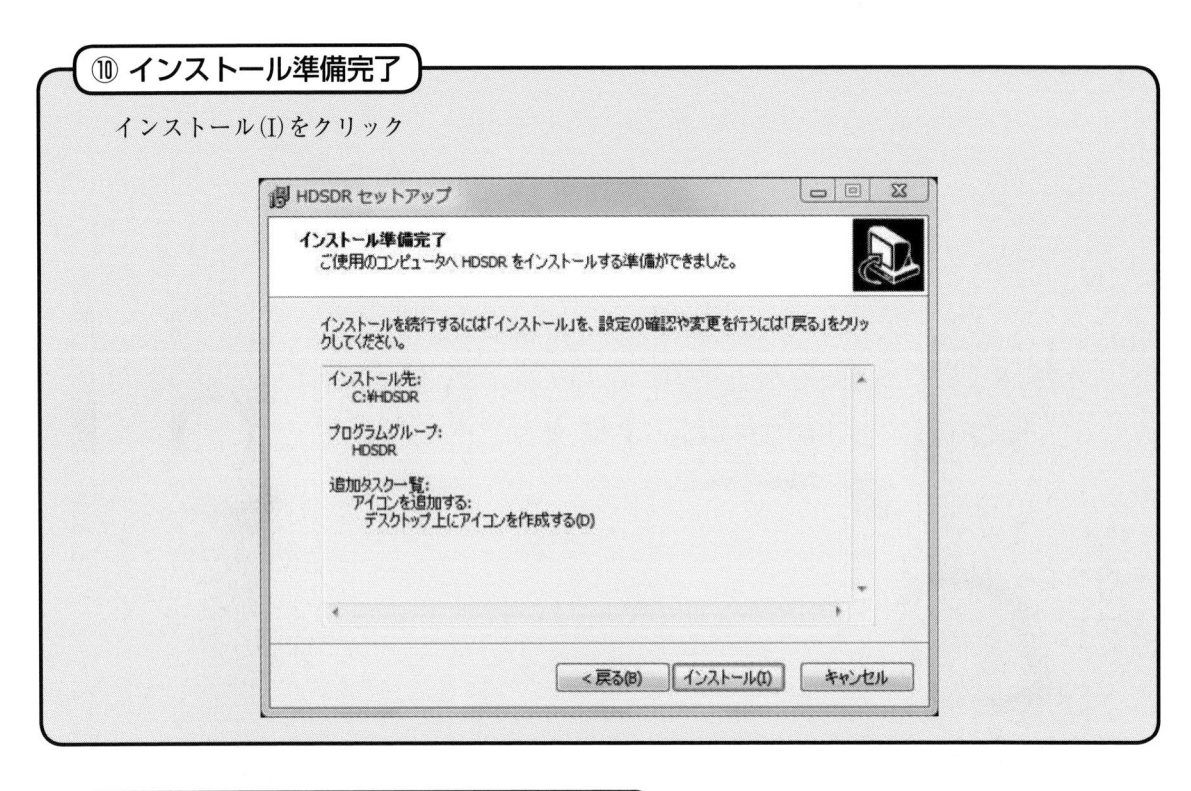

インストール(I)をクリック

⑪ HDSDR セットアップウィザードの完了

「完了(F)」をクリック

⑫ HDSDRが起動する

インストールが終了するとHDSDRが起動するので,「Cancel」をクリックして右上の「×」で起動画面を閉じます.続いて,HDSDRのホームページも「×」マークをクリックして閉じます.

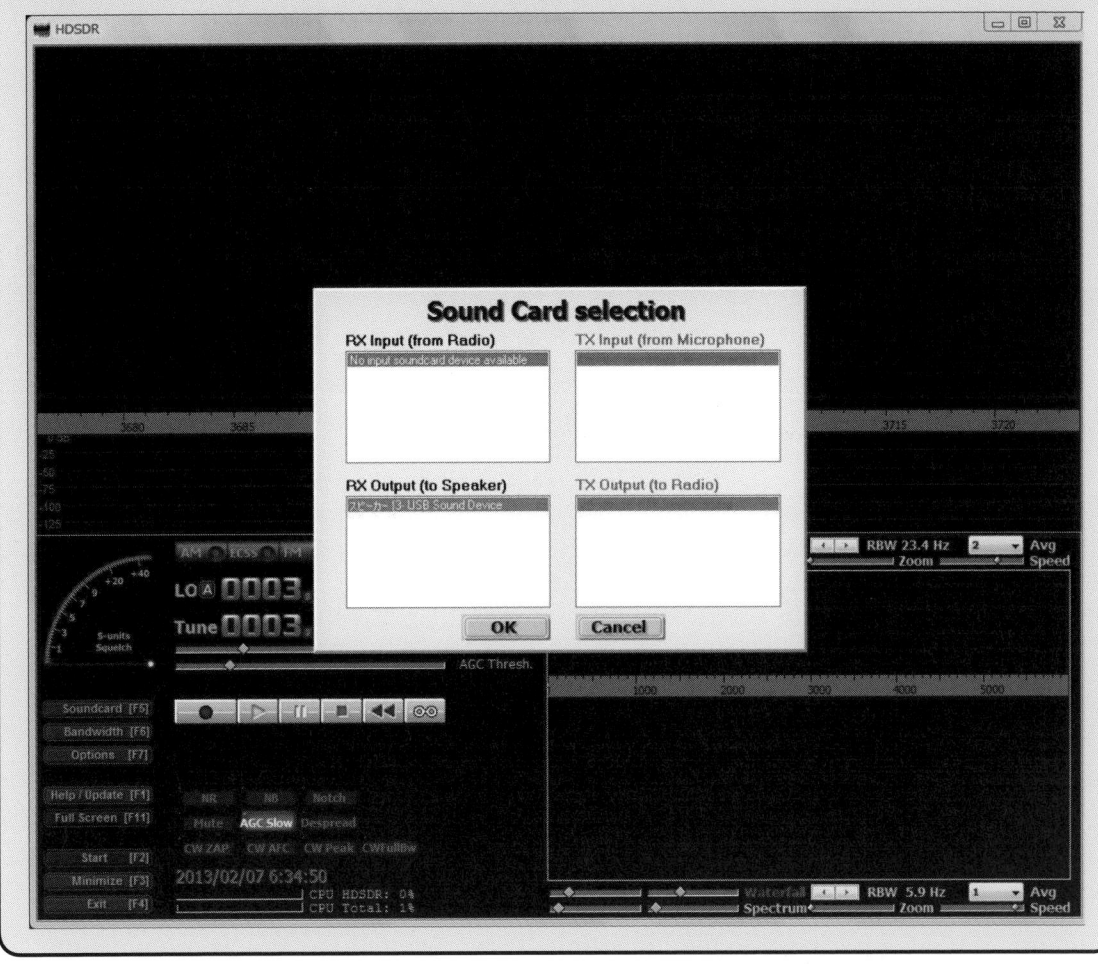

以上で,HDSDRがパソコンにインストールできました.

1-5 ドライバのインストール「ExtIO_USRP+FCD+RTL2832U+BorIP-BETA」

ワンセグ・チューナをデバイスとしてPCに認識させる作業は,ワンセグ・チューナのドライバのインストール終了後になるので,まだワンセグ・チューナは取り外したままにしておきます.

① ドライバの公開サイト

http://wiki.spench.net/wiki/USRP_Interfaces に接続してから，「7 Download」の「7.3.2 Installer」をクリックしてから，「保存(S)」をクリックする．

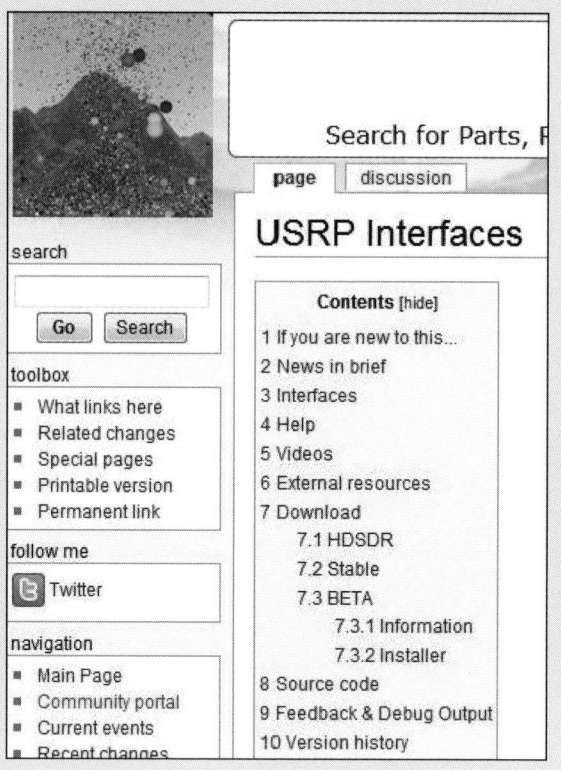

② ドライバのダウンロード

「Mirror:」と「Original」があるので，「Mirror:」のほうを選び，「保存」をクリックして，適当なフォルダにファイルをダウンロードする．

③ ダウンロード中

そのままダウンロードが終わるまで待つ．

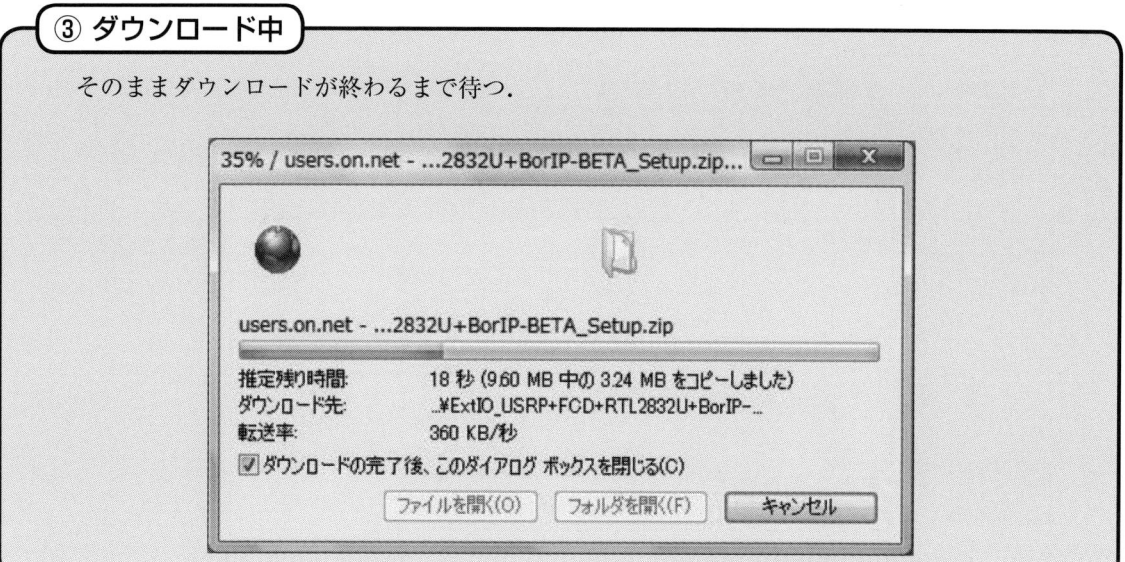

④ セキュリティの警告

フォルダにダウンロードしたファイルをクリックして解凍し，セットアップしようとするとセキュリティの警告が現れるので，「実行(R)」をクリックする．

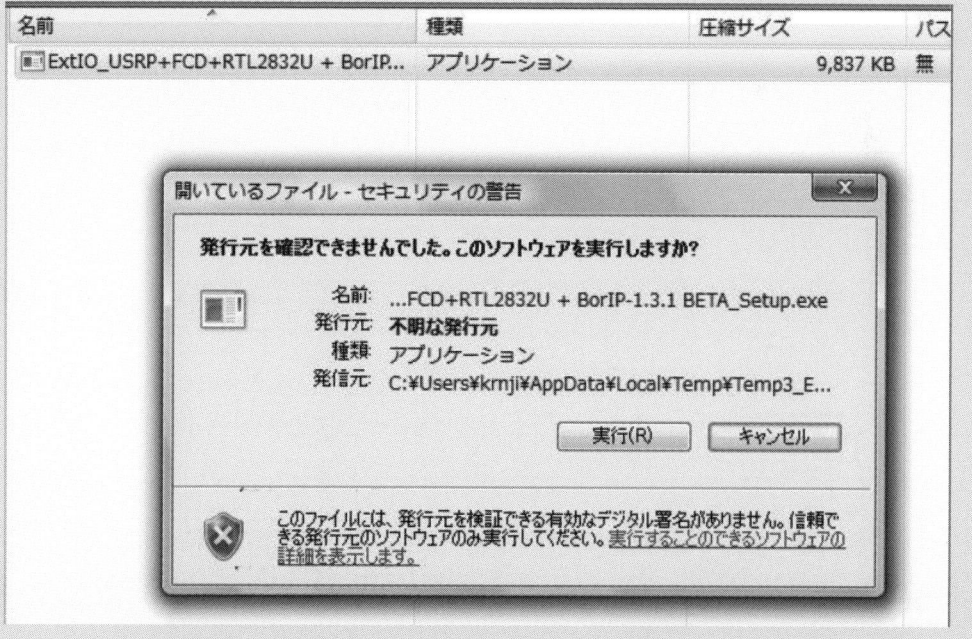

⑤ インストール

　Installer for …の画面になったら，「NEXT>」をクリックしてインストールを開始する（環境により画像が違う場合がある）．

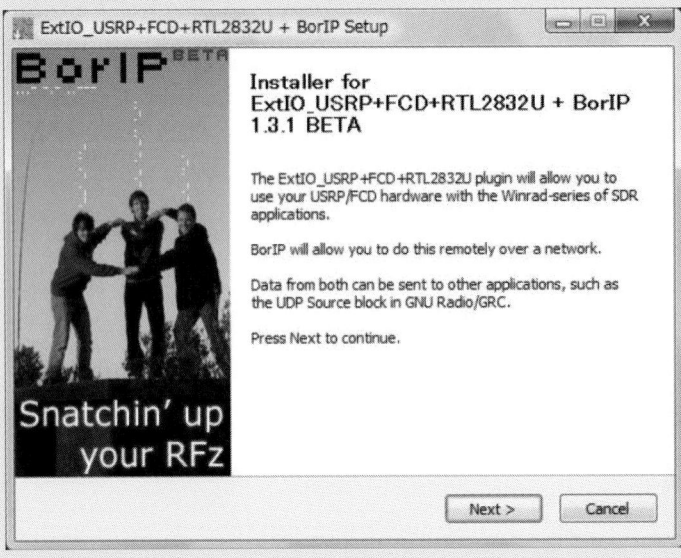

⑥ ライセンスの同意

　「I Agree」をクリックして次に進む．

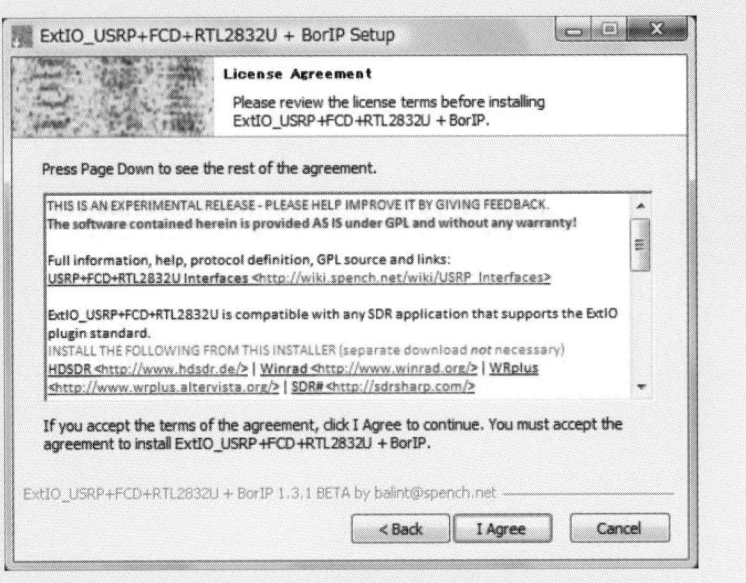

⑦ コンポーネントの選択

「liblsb」，「VC++ …」，「ExtIO_USRP …」にチェックを入れて，「NEXT>」をクリックする．

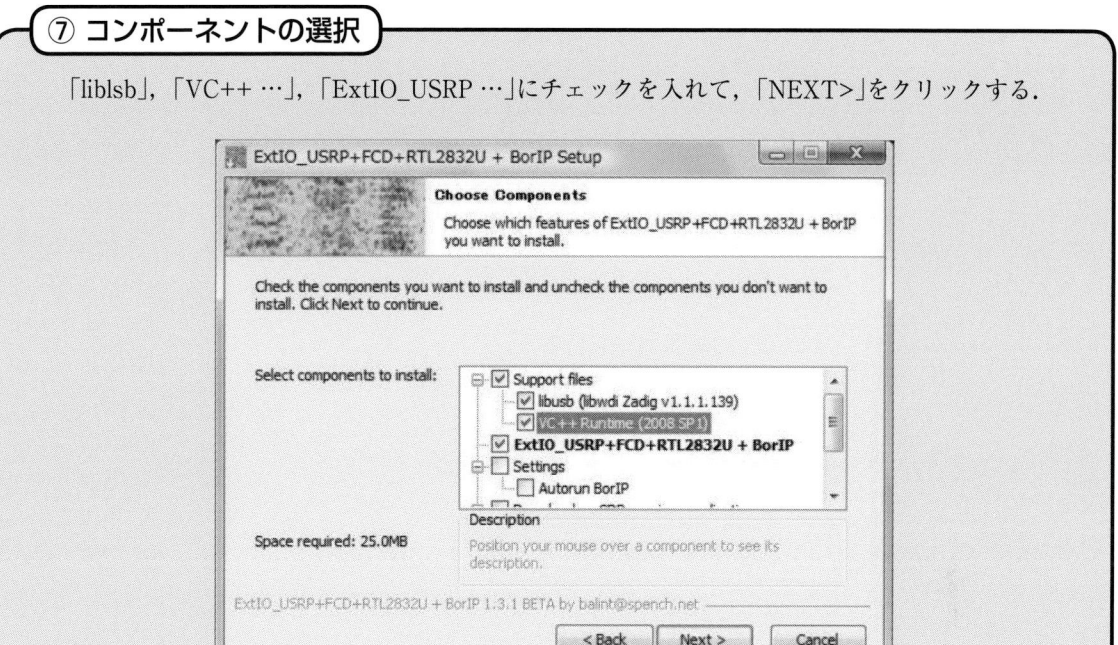

⑧ インストール先の指定

「Browse」をクリックして，HDSDR をインストールしたフォルダと同じ場所を指定して「NEXT>」をクリックする．ここでは「C:¥HDSDR」にインストールする．

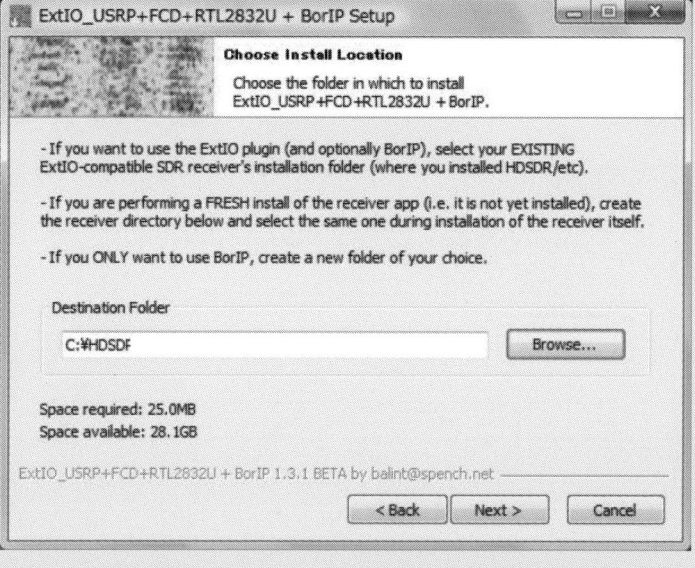

⑨ スタート・メニューのフォルダ

「Install」をクリックする.

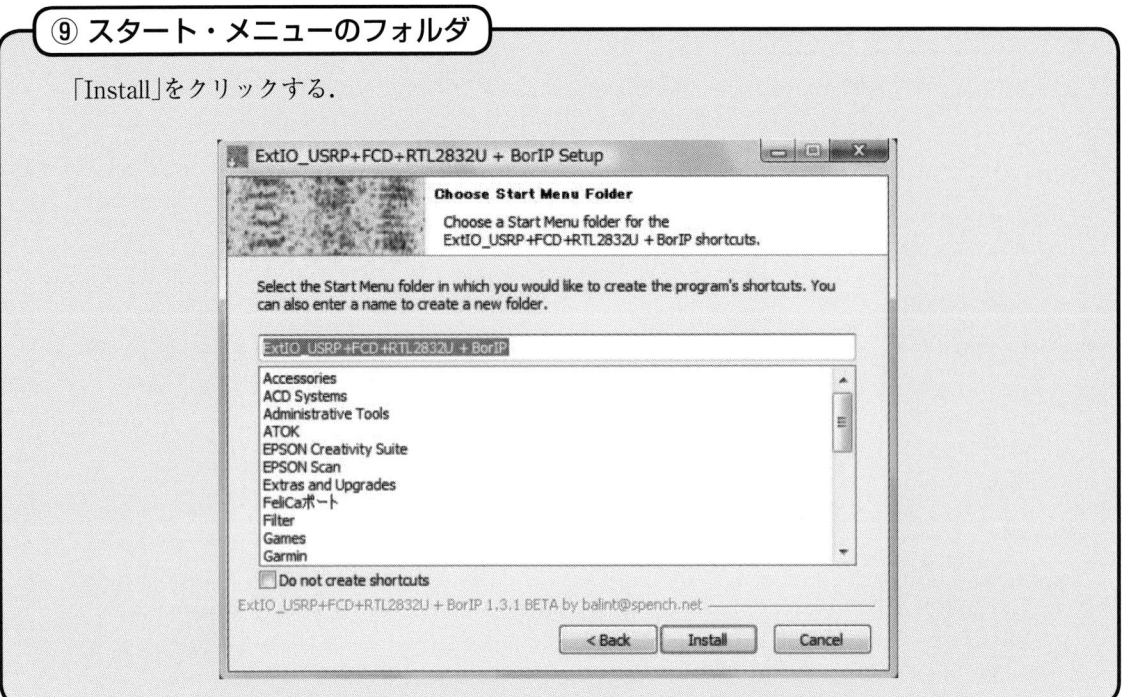

⑩ Zadig のガイド

ガイドを開くかを聞いてくるので,「いいえ(N)」をクリックする.もし見たければ「はい(Y)」をクリックする.

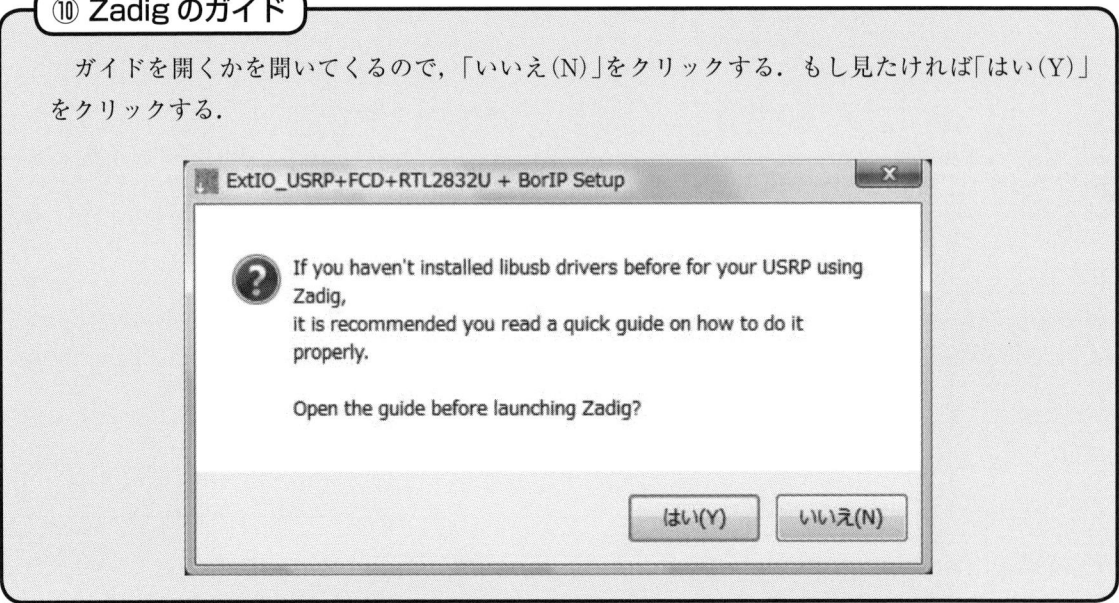

⑪ ドライバのインストール

ドライバは後でインストールするので，「×」マークをクリックする．

⑫ Visual C++ 2008 のセットアップ

Visual C++ 2008 のセットアップを開始するので，「NEXT」をクリックする．

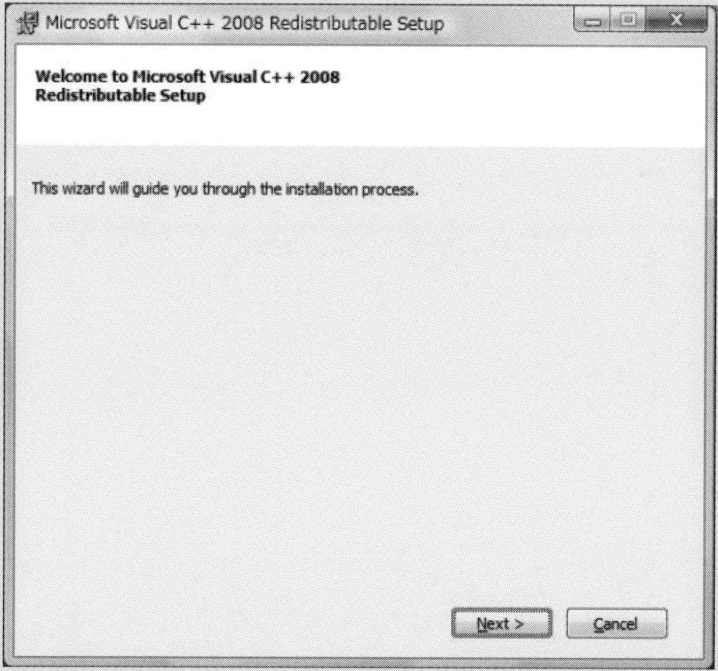

⑬ Visual C++ 2008 ライセンスの同意

「I have read and accept …」にチェックを入れて，「Install>」をクリックする．

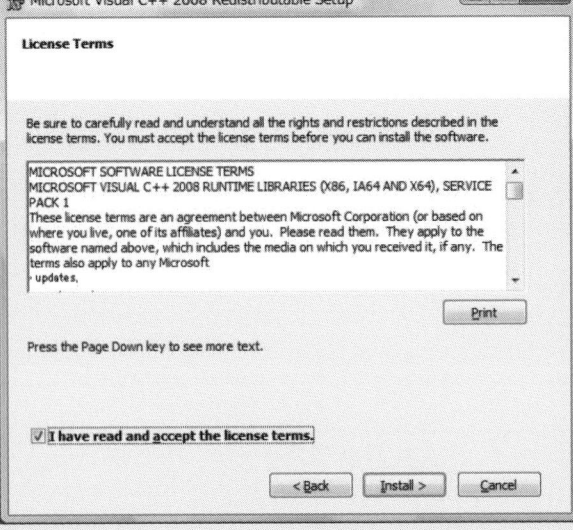

⑭ VC++ のリペア

すでに VC++ がインストールされているとこの画面が表示される．その場合は，「Repair」をチェックして「NEXT>」をクリックする．

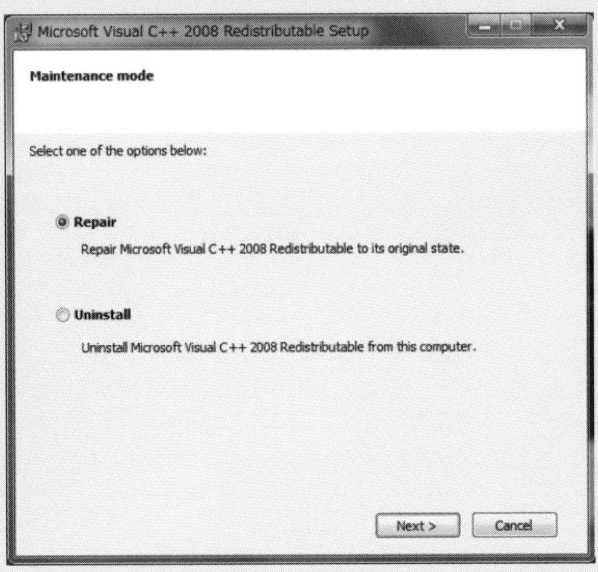

⑮ VC++ のセットアップ終了

「Finish」をクリックする．

⑯ ドライバのセットアップ

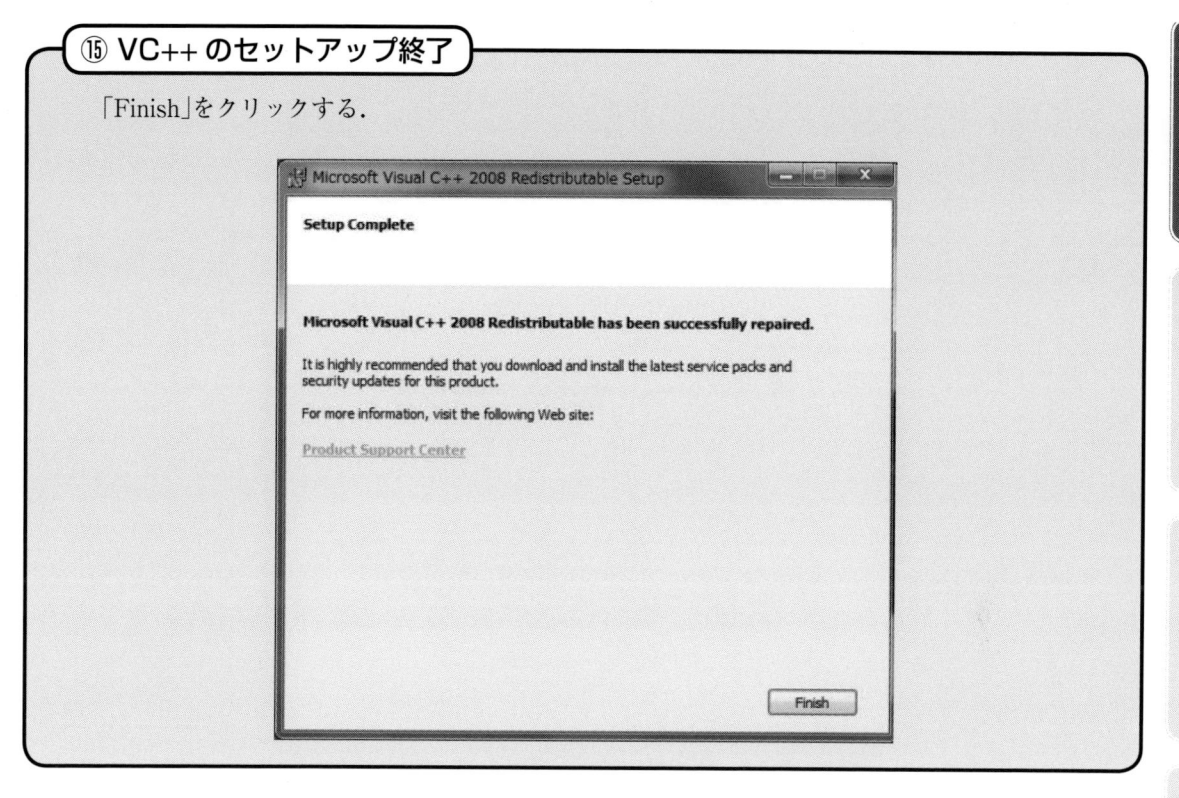

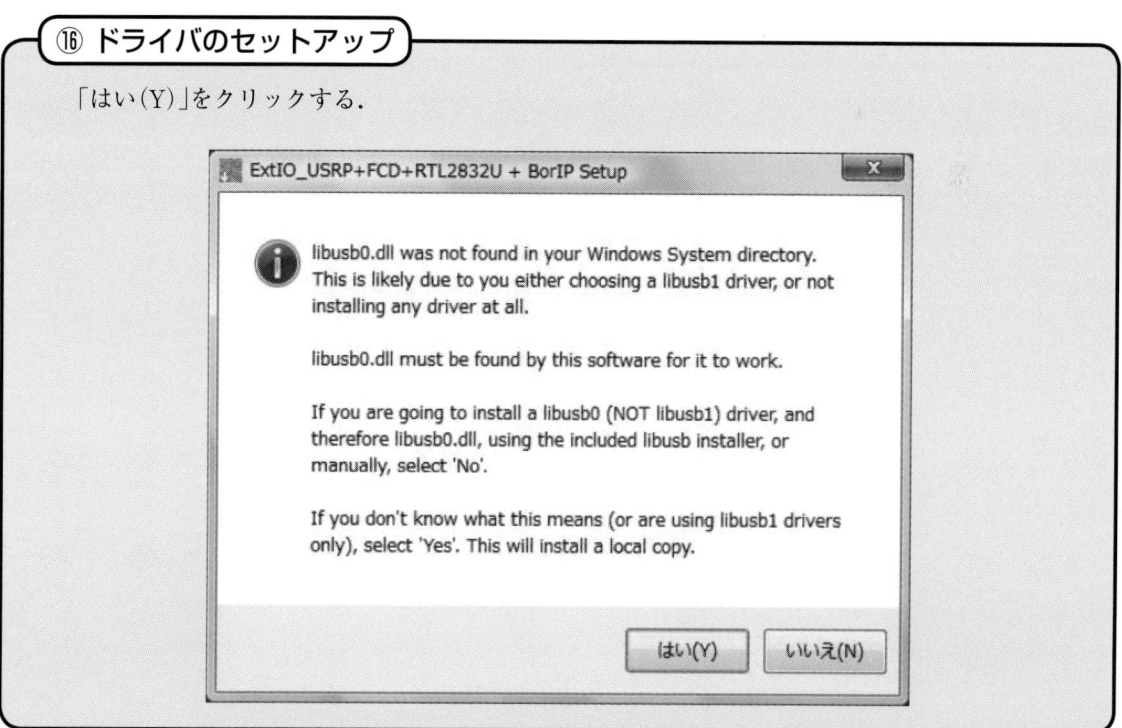

「はい(Y)」をクリックする．

1-5　ドライバのインストール「ExtIO_USRP+FCD+RTL2832U+BorIP-BETA」

⑰ ドライバのセットアップ中

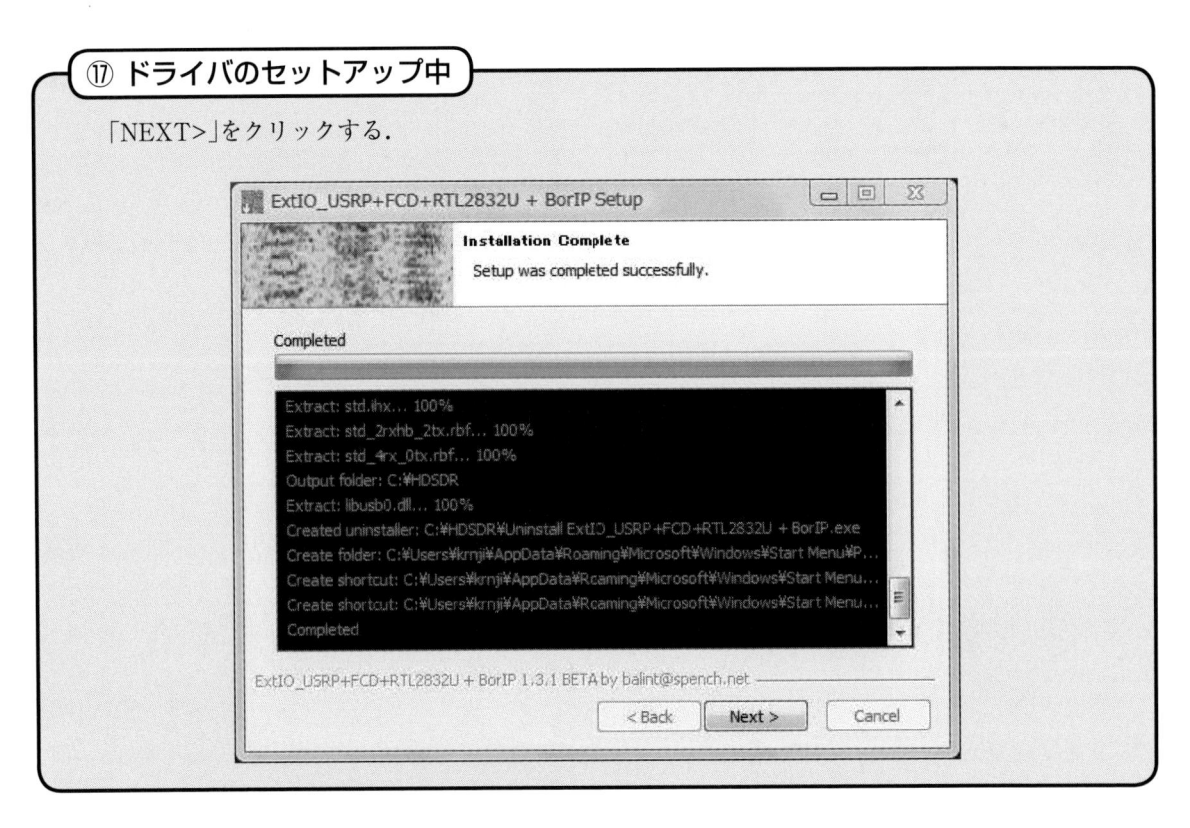

「NEXT>」をクリックする．

⑱ ドライバのセットアップの終了

「Start BorIP」と「Open instructions」のチェックを外してから「Finish」をクリックする．

1-6 ドライバを認識させる

ワンセグ・チューナを，ソフトウェア・ラジオのデバイスとして認識させる作業に入ります．

ワンセグ・チューナをパソコンの USB ポートに接続すると，Windows のハードウェア・ウィザードが始まります．

① 新しいハードウェアの検出ウイザード

ここではドライバを組み込まないので，「いいえ，今回は接続しません(T)」をチェックして，「次へ(N)>」をクリックする．

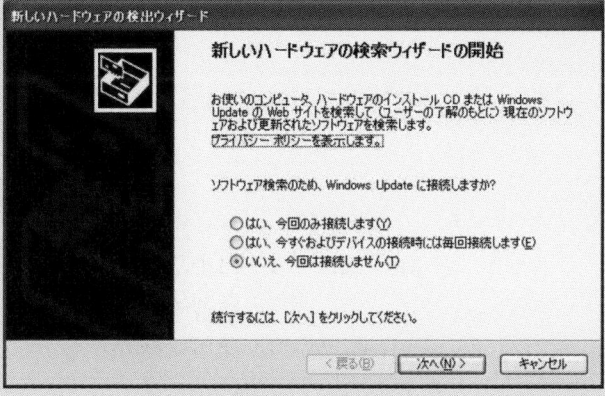

② ハードウェアのインストール方法

「ソフトウェアを自動的にインストールする」にチェックして，「次へ(N)>」をクリックする．

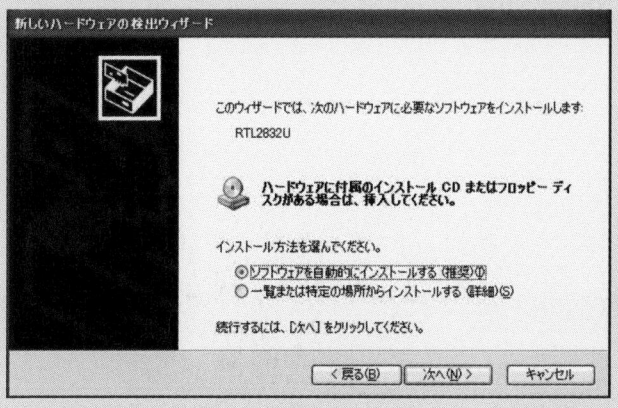

Column 1-3　ワンセグ・チューナに放熱用の穴をあける

　長時間受信を続けてワンセグ・チューナのカバーに手を触れると，かなり熱くなっています．そこで，カバーをはずして，**写真コラム 1-3** のように放熱用の穴をあけてみました．

　カバーは 6 カ所のツメで止めてあるので，外すのに少々手こずりますが，横のすき間にマイナス・ドライバやカッターナイフを差し込んで外します．カバーを外すのが面倒なときは，アルミ板に密着して放熱することもできます．

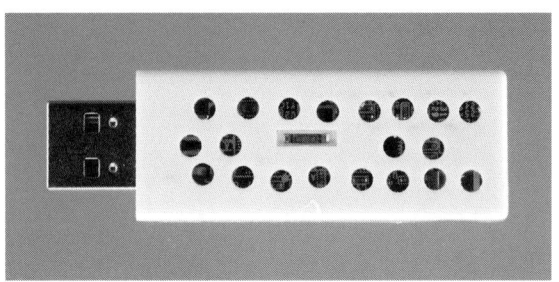

写真コラム 1-3　カバーに穴をあけて放熱する

③ ハードウェア・ウィザードの終了

「完了」をクリックする．

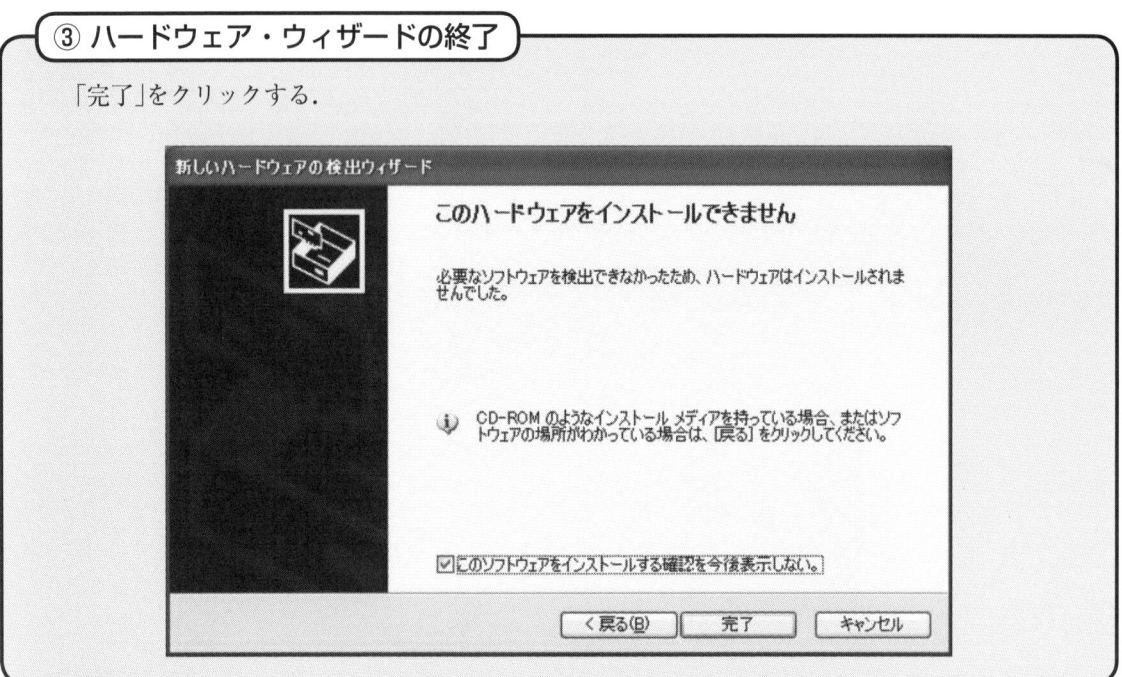

④ zadigでドライバを認識させる

HDSDRのフォルダ内の「zadig.exe」ファイルをクリックして起動させる．

○ Windows7のハードウェア認識

ワンセグ・チューナをUSBポートに接続すると，WindowsXPやWindowsVistaではハードウェア・ウィザードで①～③のようになりましたが，Windows7に接続したところ，自動的にデバイス・ドライバをインストールしてしまいました．インストールされたドライバをデバイス・マネージャで探してみたら，サウンド，ビデオ，およびゲームコントローラにぶら下がっていました．本来の正しいワンセグ・チューナ用のドライバがインストールされてしまったようです．このままの状態で④～を実行したら，正常にSDR用のデバイス・ドライバがインストールされました．

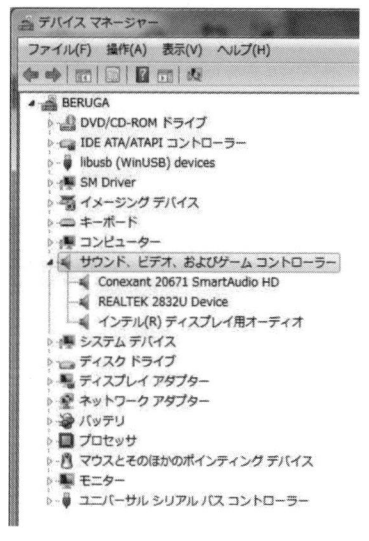

⑤ デバイス・メニュー

「Options」を開き，「List All Devices」にチェックを入れる．

1-6 ドライバを認識させる

⑥ デバイスを選ぶ

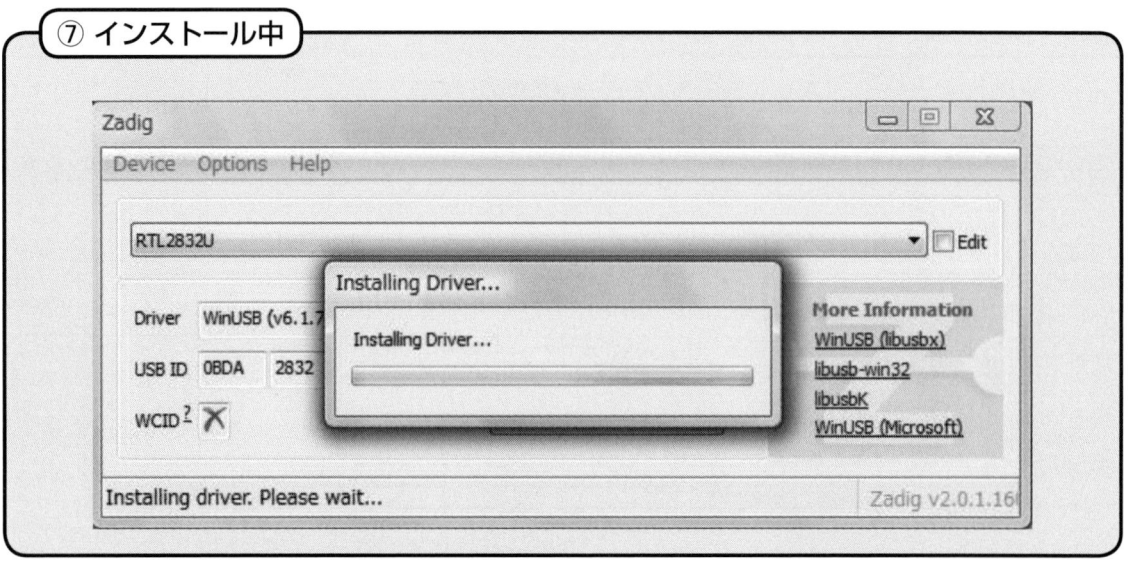

メニューから「RTL2832U」を選び,「Install Driver」をクリック.

⑦ インストール中

⑧ インストール終了

「Close」をクリックする．

⑨ デバイス・マネージャーで確認

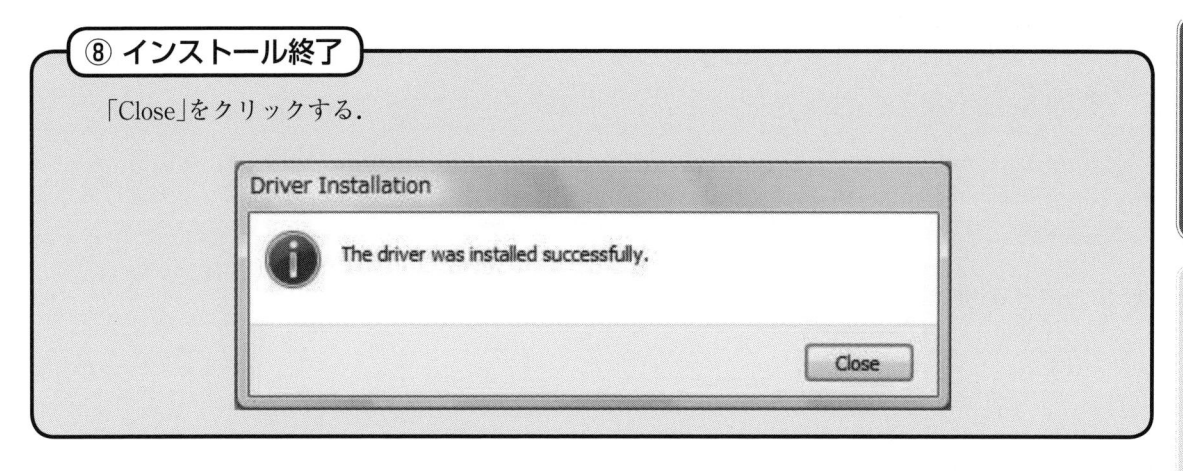

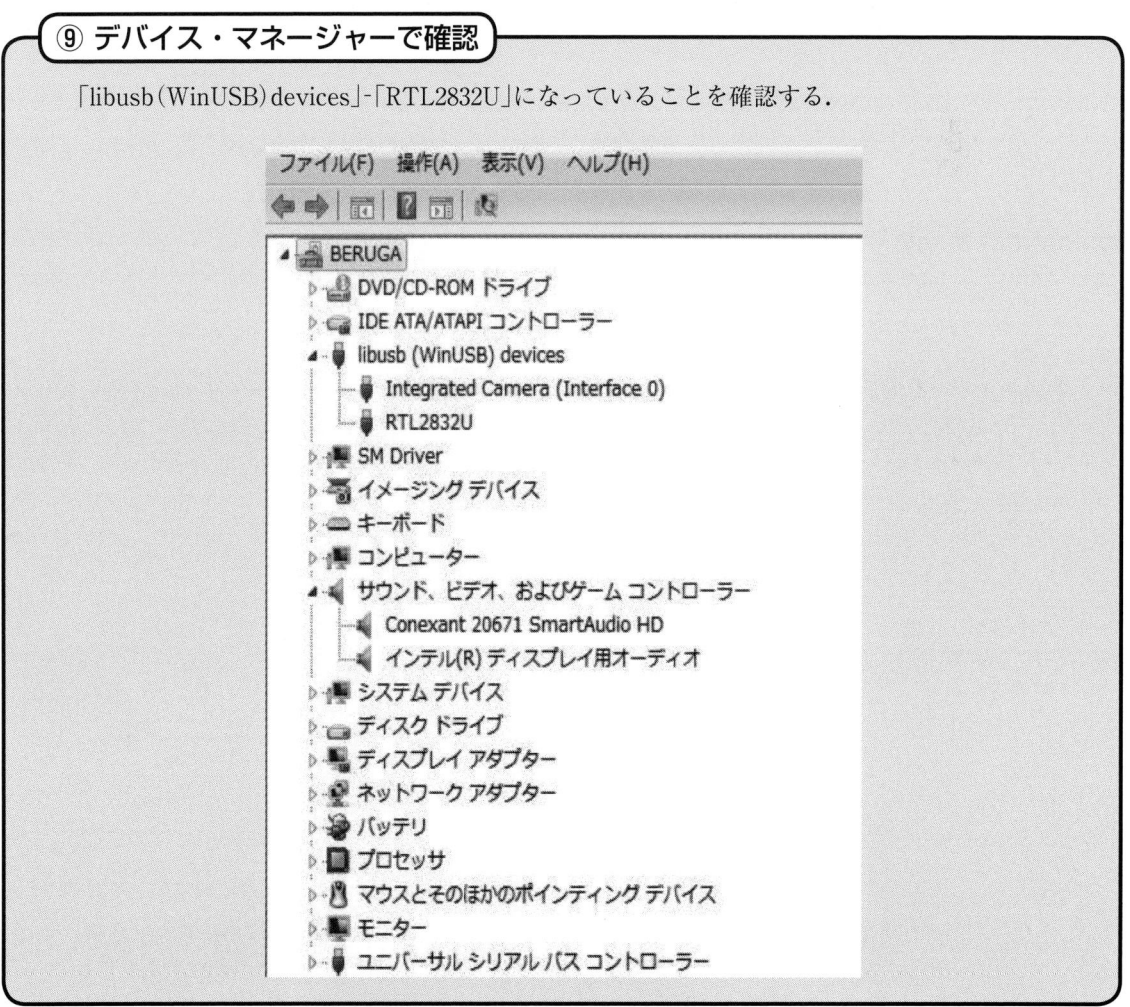

「libusb(WinUSB)devices」-「RTL2832U」になっていることを確認する．

以上で，RTL2832U のドライバがパソコンにインストールできました．

1-6　ドライバを認識させる　37

1-7 ソフトウェア・ラジオで受信

いよいよ HDSDR を立ち上げてソフトウェア・ラジオで聞くという段階になりますが，その前にもう少し準備が必要になります．

● アンテナの準備

受信用アンテナとして，図1-5 のような簡易アンテナを製作しました．エア・バンドを受信することにしたので，受信周波数は 118～140MHz になります．製作するアンテナの周波数を 120MHz とすると，アンテナの長さは波長（λ）の 1/2 の 125cm になります．また，同軸ケーブルの受信機側には F 型オス・コネクタ（プラグ）として，ワンセグ・チューナ本体に直接接続できるようにします．

アンテナが準備できたら，図1-5(b)のようにアンテナとワンセグ・チューナを付属品の外部アンテナ・ケーブルで接続し，ワンセグ・チューナをパソコンの USB ポートに接続します．なお，USB ポートに接続するときには，USB 延長ケーブルで接続するようにして，パソコンのノイズの影響を受けにくいようにします．

● HDSDR の準備

HDSDR のアイコンをクリックして，HDSDR を起動します．

▶ サウンド・カードの選択

スピーカに接続しているサウンド・デバイスを選びます．画面の左にある図1-6(a)の「Soundcard（F5）」をクリックすると，図1-6(b)のような「Sound Cardselection」になるので，スピーカ接続になるように，

(a) 簡易アンテナの製作

(b) パソコンに接続する

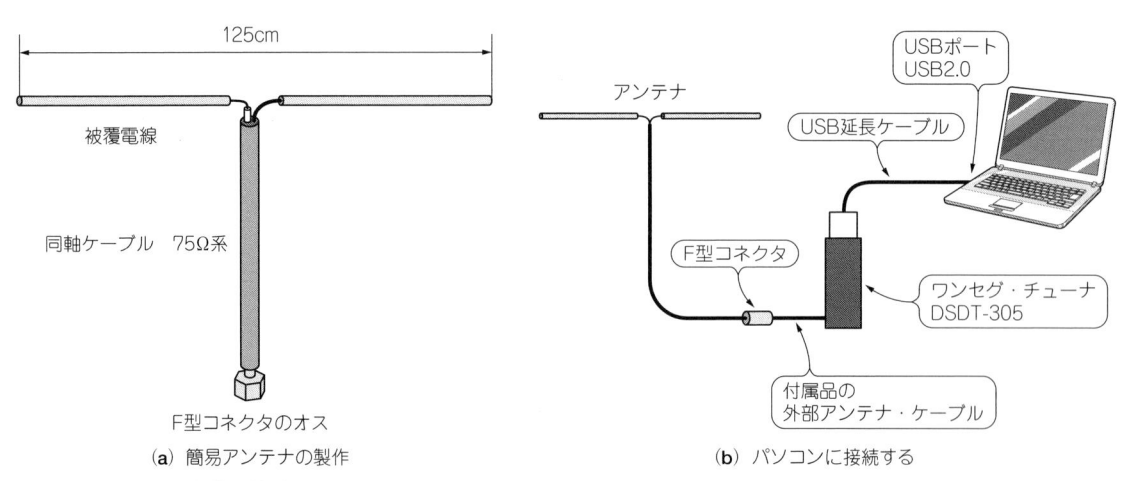

図1-5 アンテナの準備と接続

「RX Output（to Speaker）」のサウンド・カードを選んで「OK」をクリックします．

▶ HDSDRにワンセグ・チューナを設定する

HDSDRにワンセグ・チューナを認識させます．画面中央にある，図1-7(a)の「ExtIO」をクリックすると図1-7(b)のような画面になります．

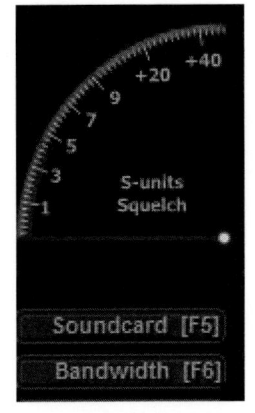

(a) Soundcard[F5]をクリック 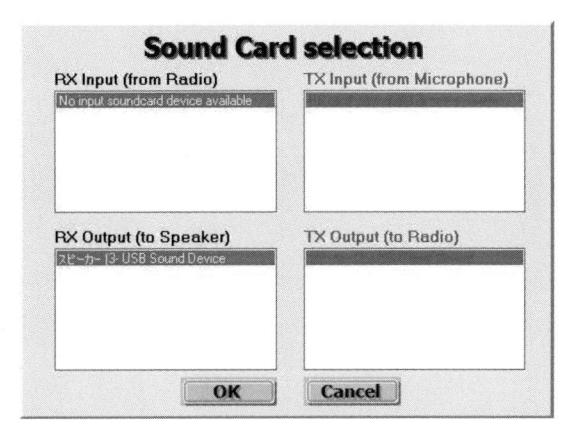　　　(b) サウンド・デバイスを選択

図1-6　サウンド・カードの設定

Device hint に
RTL readlen=131072 tuner=fc0012
（LT-DT306のときは，tuner=fc0013）

(a) ExtIO 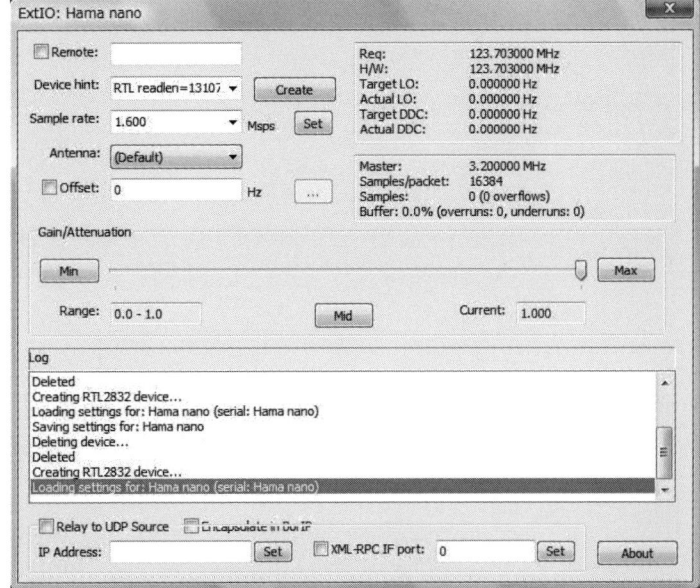　　　(b) デバイスの設定画面

図1-7　デバイスを設定する

1-7　ソフトウェア・ラジオで受信　39

Column 1-4　同軸ケーブルとコネクタ

アンテナとワンセグ・チューナを接続するためには，同軸コネクタと同軸ケーブルが必要です．**写真コラム 1-4**(a)は，同軸ケーブルに取り付けた同軸コネクタです．3D-2V のように D の表記がある同軸ケーブルのインピーダンスは 50Ω で，4C-FB のように C の表記がある同軸ケーブルは 75Ω です．

一般に無線機用の市販アンテナでは，M 型や N 型，BNC 型のコネクタが使われていますが，テレビ用アンテナでは，F 型コネクタが主流になっています．そこで(b)のような変換コネクタを間に入れて，コネクタの規格を合わせるようにします．

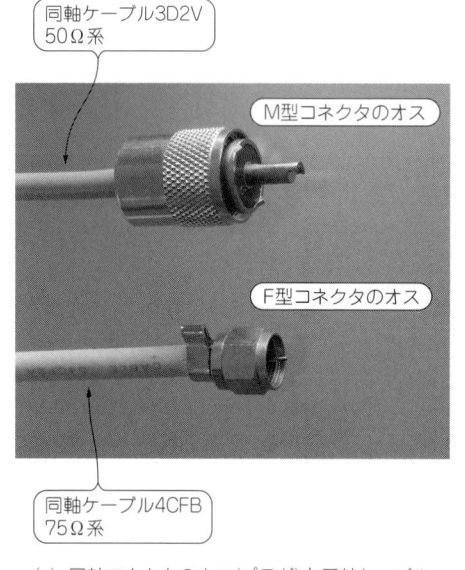

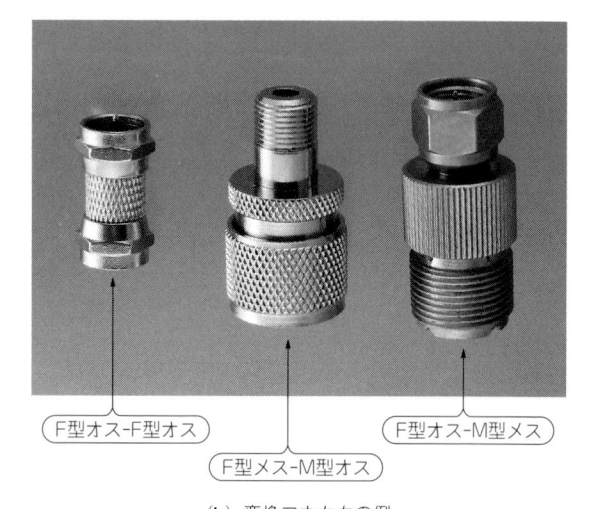

同軸ケーブル3D2V
50Ω系

M型コネクタのオス

F型コネクタのオス

同軸ケーブル4CFB
75Ω系

(a) 同軸コネクタのオス（プラグ）と同軸ケーブル

F型オス-F型オス

F型メス-M型オス

F型オス-M型メス

(b) 変換コネクタの例

写真コラム 1-4　アンテナとチューナを接続するコネクタとケーブル

「Device hint」に「RTL readlen=131072 tuner=fc0012」と入力し，「Gain/Attenuation」を「Max」にしてから「Create」をクリックして，右上にある「×」マークをクリックして閉じます．

● 受信してみる

それではソフトウェア・ラジオで受信してみます．ところで，HDSDR の起動画面を見ると，多くの設定項目があることに気が付きます．細かい設定は後回しにして，まず最初に電波を受信して音を出すことを目標にしぼって作業を進めていきます．

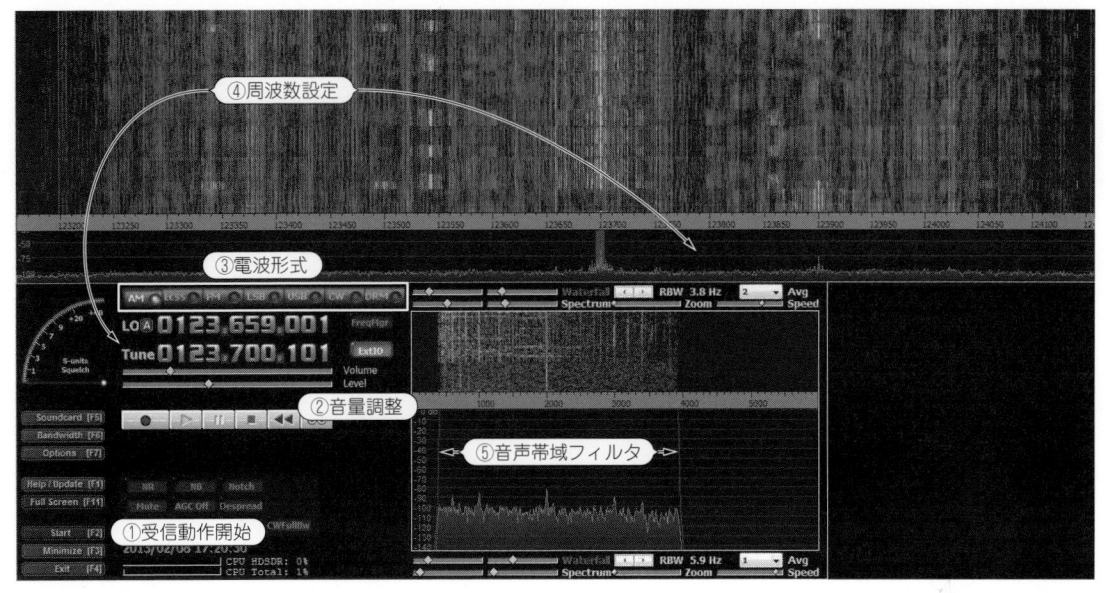

図1-8 HDSDRで受信
HDSDRの設定は複雑なので，まず最小限の設定で受信してみる

① 受信動作開始

図1-8に示すHDSDRの起動画面の左下にある「Start[F2]」をクリックします．すると，受信動作を開始してパソコンのスピーカから「ザー」という音が出ます．

② 音量調整

横向きのスライドによる調整になっている「Volume」と「Level」で音量を調整します．クリックして右へスライドすると音が大きくなります．

③ 電波型式

受信する電波の型式を選びます．エア・バンドを受信することにしたので，ここでは「AM」をクリックします．

④ 周波数設定

「LO」は，受信する周波数帯域の中心周波数です．ここで，受信したい周波数の帯域に設定します．周波数の数値を右クリックすると周波数は高くなり，左クリックすると低くなります．また，周波数スペクトラム表示画面上で右クリックすると，クリックした周波数が中心周波数になります．

「Tune」の数値が受信周波数になります．「LO」と同じように，周波数の数値をクリックして受信周波数の設定をします．また，周波数スペクトラム表示画面上で左クリックしたり，スペクトラム上の赤い線を

ドラッグすると，受信周波数を変えることができます．
　電波を受信すると，ウォーターフォール（滝のように信号が流れる）と呼ばれる画面のスペクトラム表示がオレンジ色になるので，そこをクリックすれば電波の周波数に受信周波数を合わせられます．

⑤ 音声帯域フィルタ
　画面下にあるウォーターフォールの 2 本の赤い線をドラッグして，帯域フィルタの周波数を設定します．左の赤い線が低域周波数で，右の赤い線が高域周波数です．

1-8　HDSDR の設定

　ラジオとして受信できるようになったら，HDSDR の機能を活かす設定をしてみましょう．HDSDR は，とても細かく各機能を設定することができます．ここでは，受信に必要な基本的な機能の設定方法を説明します．

● 信号処理

　図 1-9 は信号処理機能のボタンで，それぞれのボタンはクリックするたびに ON/OFF になるか，または状態が変化します．このうち，おもな機能を取り上げて説明します．うまく調整すれば，聞きやすい信号音にすることができますが，慣れないうちは OFF のままで使うのがお勧めです．

● NR（noise reduction：ノイズ・リダクション）
　雑音を軽減します．NR ボタンをクリックして ON にし，右クリックすると NR 調整画面が現れます．スライダを上にすると，NR の動作が強くなります．

● NB（noise blank：ノイズ・ブランカ）
　パルス性のノイズに有効です．ノイズ・パルスの部分を抜き取ります．NB ボタンをクリックして ON にし，右クリックすると調整画面が現れます．

● Notch（notch filter：ノッチ・フィルタ）
　特定の周波数の信号を抑制します．Notch ボタンをクリックして ON にし，画面下にある音声帯域フィルタ画面上で，クリックするとノッチ・フィルタを設定できます．設定したフィルタをもう一度クリックすると消えます．

● Mute（muting：ミューティング）
　受信信号があったときに，信号出力するような回路動作です．FM モードのように，受信信号がないときに発生する雑音に有効です．

```
  ノイズ・リダクション   ノイズ・ブランカ   ノッチ・フィルタ
```

```
        NR        NB       Notch
       Mute    AGC Off   Despread
  ミュート
       CW ZAP   CW AFC   CW Peak  CWFullBw
                  AGC：自動利得制御
```

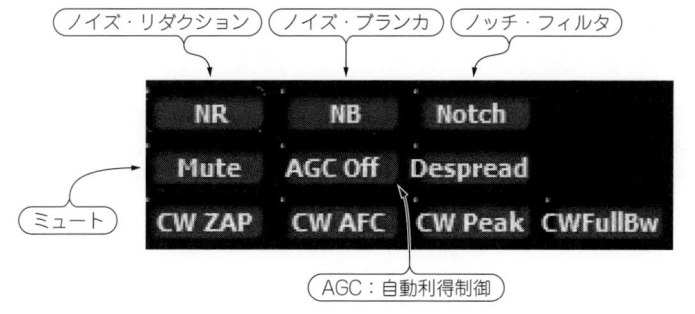

図1-9　信号処理の機能

● AGC（automatic gain control：自動利得制御）

弱い受信信号のときは利得を上げ，逆に強いときは利得を下げます．AGCボタンをクリックしていくと，AGCの時定数が変わります．

● Despread/CW ZAB/CW AFC/CW Peak/CW Full BW

CWモードのときに有効になる機能です．

● ウォーターフォール画面の大きさ調整

HDSDRを立ち上げると，画面の上にウォーターフォールと呼ばれる，受信周波数帯域のようすを色で表す画面が広がっています．電波を受信するとオレンジ色に変わる画面です．

周波数目盛り上でマウスの右ボタンを押したままにしてマウスを上下に動かすと，周波数目盛りが上下に移動してウォーターフォールの大きさが変化します．

● ウォーターフォールとスペクトラムの設定

ウォーターフォールとスペクトラムの表示は2カ所にあり，上が受信周波数帯域で，下が音声帯域になっています．また，設定ボタンも受信周波数帯域と音声帯域にあり，それぞれは同じ機能になっています．それでは，図1-10でボタンの機能を説明します．

① 輝度

ウォーターフォール画面の輝度調整．

② コントラスト

ウォーターフォール画面のコントラスト調整．

③ RBW（resolution bandwidth：分解能帯域幅）

スペクトラムとウォーターフォールの分解能の調整．

④ Avg

スペクトラムとウォーターフォールの平均ライン数の調整．数値が小さいほど細かくなる．

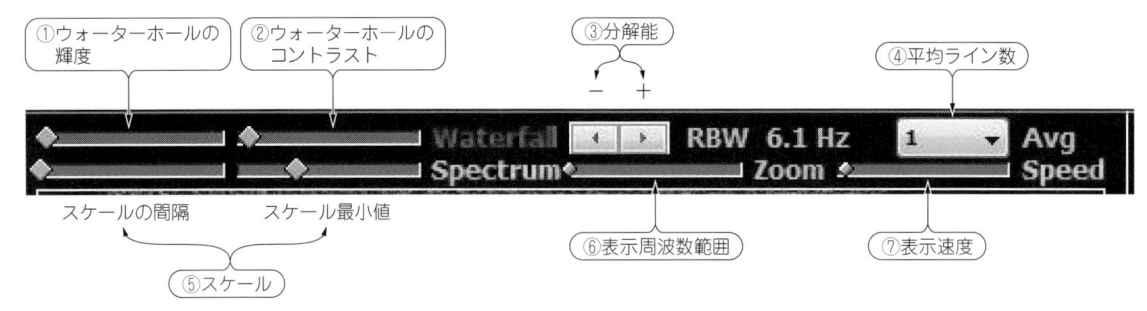

図1-10 ウォーターホールとスペクトラムの設定

⑤ スペクトラムのレベル

スペクトラムのスケールの最大レベル[dB]と最小レベル[dB]を調整．左のスライダでスケールの間隔を，右のスライダでスケールの最小値を調整できます．

⑥ Zoom

スペクトラムとウォーターフォールの表示周波数範囲の調整．Zoomのスライダが左端のときに，周波数範囲は最大になります．また，周波数範囲の最大値は，ExtIOのSample rateの値になります．

⑦ Speed

スペクトラムとウォーターフォールの表示速度調整．スライダを右にするほど速くなります．

● 周波数の校正

周波数表示にズレがあるので，基準になる周波数の信号を受信して校正します．スペクトラム上で，基準になる周波数の電波に「Tune」でぴったり合わせます．

「Options(F7)」→「Ext IO Frequency Options」(または RF Front-End + Calibration) をクリックすると，図1-11が開いて「Correct Tune Frequency[Hz]」に校正前の周波数が表示されているので，基準になる周波数に修正してから「Calculte」→「OK」をクリックします．

● 周波数メモリ

周波数と電波型式をメモリできます．

「Freq Mag」をクリックすると，図1-12に示す画面が開いて受信中の周波数が表示されます．「User」→「Get Current」をクリックして，「NoName」の項目に適当な名称を入れてから「Add」をクリックすると，「Name」「Lo[Hz]」「Tune[Hz]」「Mode[Hz]」がメモリ一覧に書き込まれます．

メモリした周波数を読み込むときには，「Freq Mag」をクリックして，メモリ一覧から読み込みたい名称欄をダブルクリックします．

● 音声信号のサンプリング・レート

「BandWidth[F6]」をクリックすると，図1-13の「SamplingRate[Hz]」の表示になります．音声のサンプリング周波数になり，表示周波数の1/2が音声の最大周波数になります．サンプリング・レート周波数

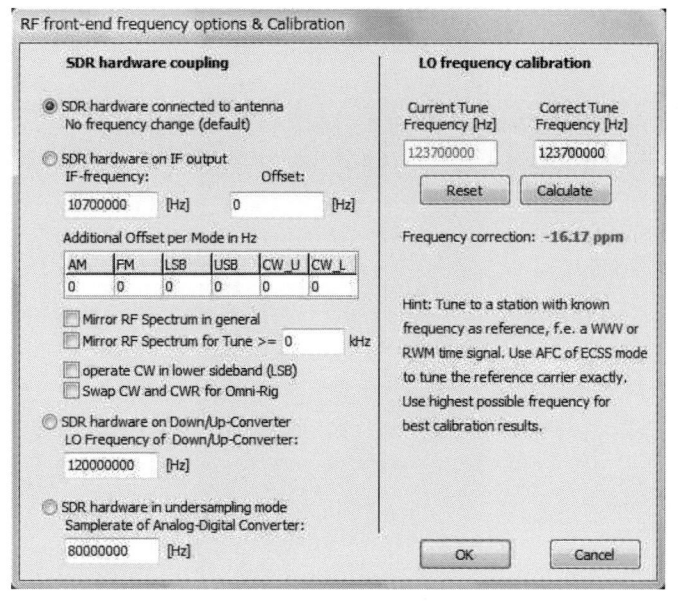

図1-11　周波数の校正

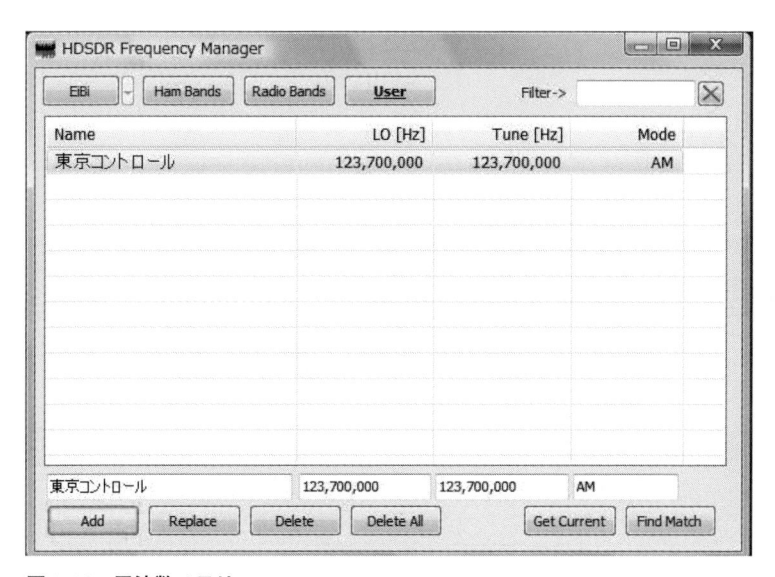

図1-12　周波数メモリ
User → Get Current → No Name に名称を記入→ Add で書き込まれ，一覧に Name，周波数，Tune，Mode が表示される

が12000Hzなら，音声の最大周波数は6000Hzということです．

また，サンプリング・レートの下部にある数字は，ExtIOをクリックしたときのSample Rateに表示されている値で，スペクトラムの周波数帯域幅はSample Rateの値になります．

1-8　HDSDR の設定　　45

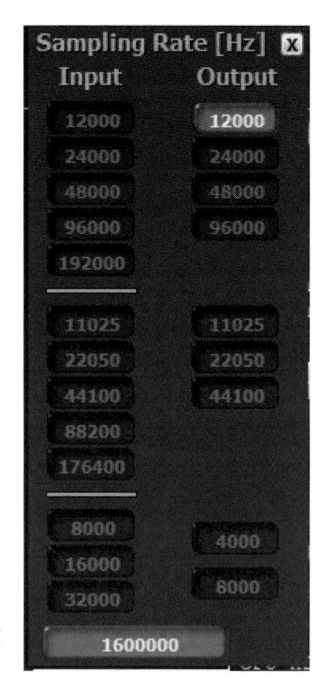

図1-13 周波数の校正
サンプリング周波数を高くすると音質は良くなるがCPUの使用率も高くなる

ところで，サンプリング・レート周波数を高くすると，音声信号の品質は向上しますが，そのぶんCPUの使用率も高くなります．

1-9 ソフトウェア・ラジオを使ってみると

1,000～1,500円で入手できるワンセグ・チューナですが，ソフトウェア・ラジオとして広帯域受信ができます．いろいろなモードの電波が受信できる反面，妨害波には弱いという欠点を持っています．アマチュア無線や航空無線(エア・バンド)を受信しているときに，近くの周波数で強力な電波が発射されると，バンド全体にかぶってきて正しく受信できなくなります．

ある程度我慢すれば，このままでも立派なソフトウェア・ラジオとして使えますが，本書ではこの弱点を軽減するためのフィルタを作って，より実用的なソフトウェア・ラジオにグレードアップさせてみます．

第2章
フィルタの設計・製作

- ▶ 2-1　フィルタの挿入
- ▶ 2-2　ハイパス・フィルタの設計
- ▶ 2-3　ハイパス・フィルタの製作
- ▶ 2-4　ローパス・フィルタの設計
- ▶ 2-5　ローパス・フィルタの製作
- ▶ 2-6　ハイパス・フィルタと広帯域アンプの組み合わせ

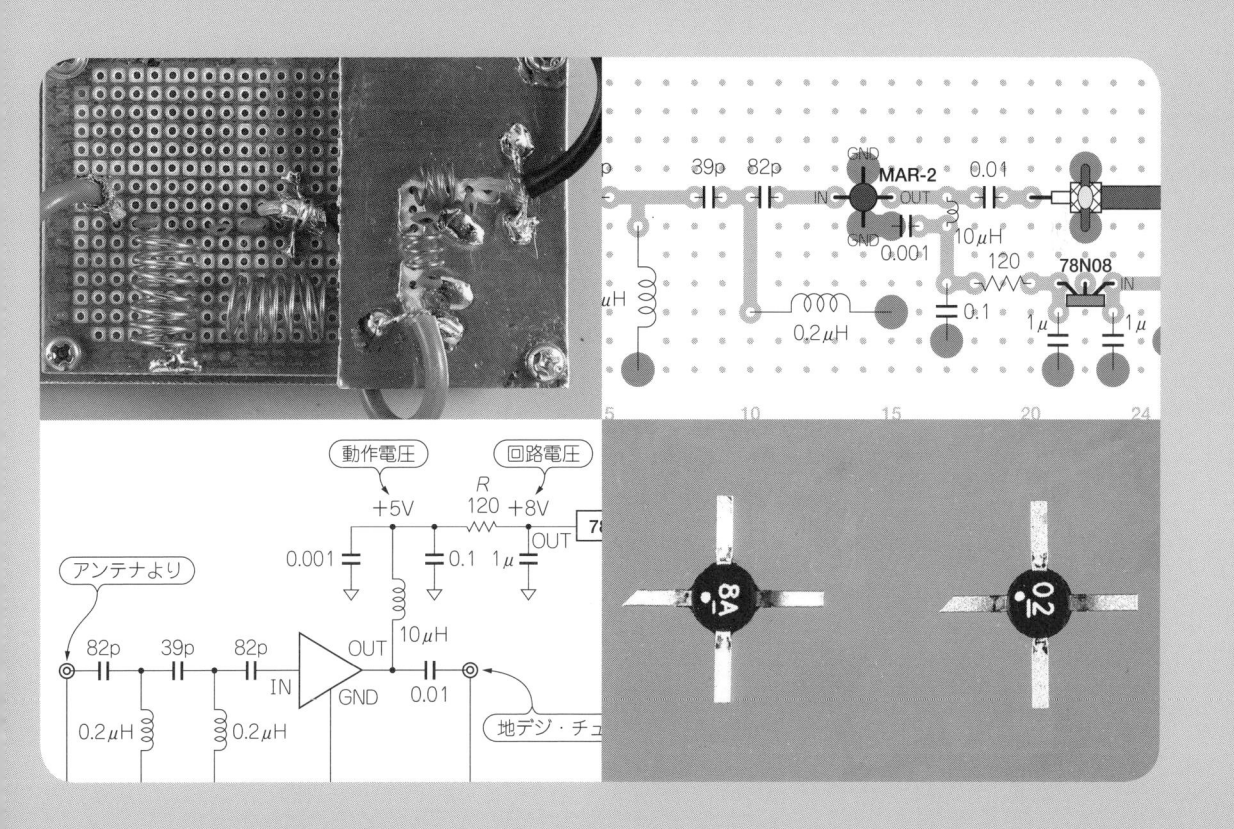

ワンセグ・チューナを使ったSDRで広帯域受信をしていると，短波帯の放送局や地デジ放送局などの妨害を受けることがあります．特に強力な電波が混入すると，混変調と呼ばれる現象により，受信動作そのものができなくなります．
　そこで不要な電波を減衰させるために，コイルとコンデンサによるLCフィルタを付加して，ワンセグ・チューナの弱点を補うことにします．

2-1　フィルタの挿入

　LCフィルタを，図2-1のように受信アンテナとワンセグ・チューナの間に挿入して，短波帯などの電波の妨害を受けにくくします．
　ここで取りあげるLCフィルタは，広い周波数帯域を通過／減衰させるもので，コイルとコンデンサによるLC共振回路とは違うものです．
　LCフィルタは，周波数特性から図2-2のように分類できます．

(a) ローパス・フィルタ(low-pass filter)
　低い周波数帯域を通過(通過帯域)させ，高い周波数を減衰(減衰帯域)させるフィルタ．
(b) ハイパス・フィルタ(high-pass filter)
　高い周波数を通過させ，低い周波数を減衰させるフィルタ．
(c) バンドパス・フィルタ(band-pass filter)
　中間周波数帯域を通過させ，低い周波数と高い周波数を減衰させるフィルタ．
(d) バンドエリミネーション・フィルタ(band-elimination filter)
　低い周波数と高い周波数を通過させ，中間周波数帯域を減衰させるフィルタ．

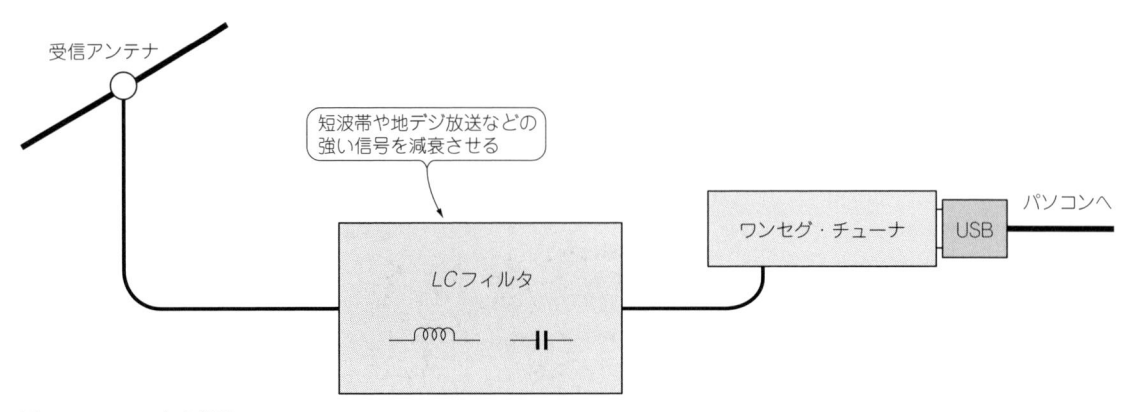

図2-1　フィルタの役目

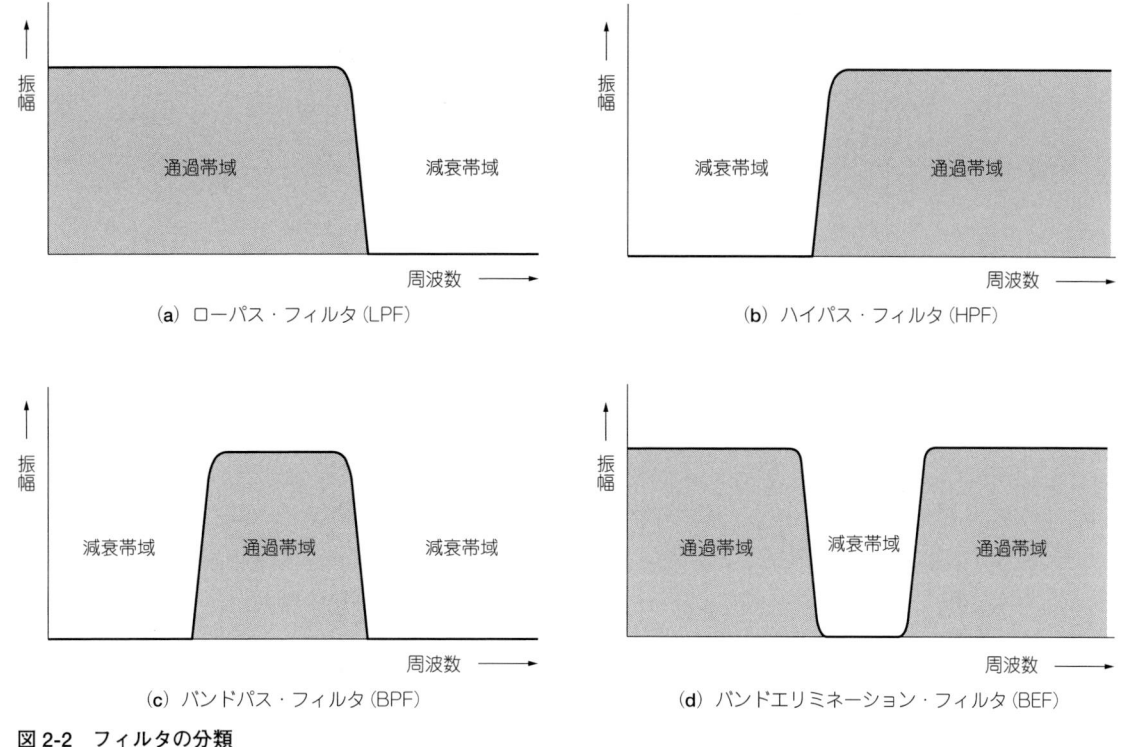

(a) ローパス・フィルタ (LPF)

(b) ハイパス・フィルタ (HPF)

(c) バンドパス・フィルタ (BPF)

(d) バンドエリミネーション・フィルタ (BEF)

図 2-2　フィルタの分類

2-2　ハイパス・フィルタの設計

　夜になると海外の短波放送が受信できるようになります．これらの放送局の信号はとても強いので，混変調妨害を受けたり，ワンセグ・チューナのSDRでは受信できないはずの短波放送が聞こえてきたりします．

　そこで，ハイパス・フィルタ(HPF)を挿入して，短波帯の高周波信号を減衰させることにします．アマチュア無線バンドの50MHz以上の電波が通過するように，通過帯域と減衰帯域の境目を決めます．

● ハイパス・フィルタの構成と動作

　フィルタには，図2-3(a)のT型フィルタと図(b)のπ型フィルタがあり，それぞれハイパス・フィルタとローパス・フィルタがあります．設計するハイパス・フィルタは，コイルが1個で構成されている，図(a)のT型ハイパス・フィルタとします．

　ここで，周波数をf[Hz]，コンデンサの容量をC[F]，コイルのインダクタンスをL[H]として，コンデンサのリアクタンスX_CとコイルのリアクタンスX_Lを求めてみると，

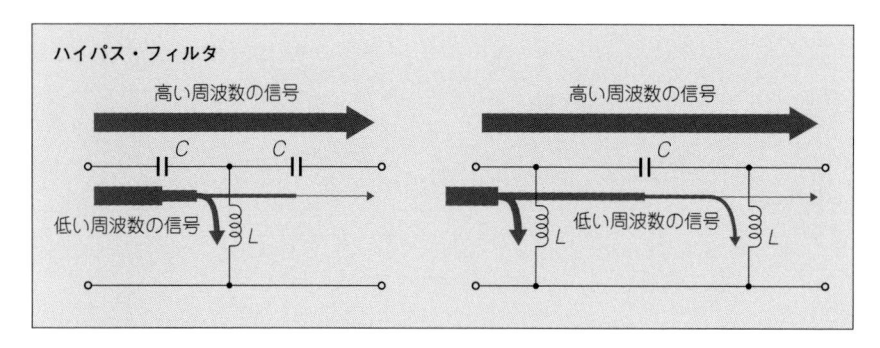

図2-3 フィルタの構成
(a) T型フィルタ　(b) π型フィルタ

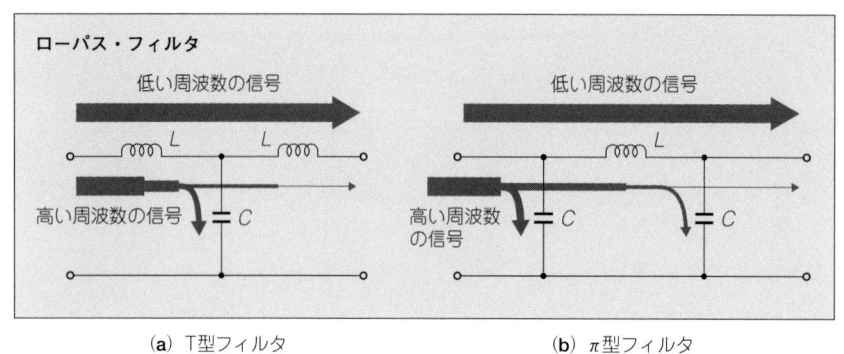

コンデンサCのリアクタンスは，
$$X_C = \frac{1}{2\pi fC}$$
なので，周波数に反比例し，コイルのリアクタンスは，
$$X_L = 2\pi fL$$
なので，周波数に比例する

$$X_C = 1/2\pi fC$$
$$X_L = 2\pi fL$$

となるので，高い周波数の信号はフィルタを通過し，低い周波数の信号は減衰することになります．

● 設計仕様

市販されているほとんどのアンテナのインピーダンスは50Ωになっているので，ハイパス・フィルタのインピーダンスもそれに合わせて50Ωで設計します．ところが，ワンセグ・チューナの入力インピーダンスは75Ωなので，ミス・マッチング状態になります．

しかし，設計を簡単にするために50Ωで進めることにします．50Ωと75Ωのミス・マッチングによる電力損失は4％程度で，むしろミス・マッチングによるハイパス・フィルタの特性への影響が問題になりそうなので，完成後にフィルタの特性を測定して確かめてみることにします．

ここで，ハイパス・フィルタの設計仕様を，次のように決めます．

- 入出力インピーダンス　$Z = 50\Omega$
- カットオフ周波数(通過周波数の境界)　$f_c = 40\text{MHz}$
※ 部品の誤差を考慮して，50MHzに対して20％の余裕を持たせることにした

図 2-4 ハイパス・フィルタの設計

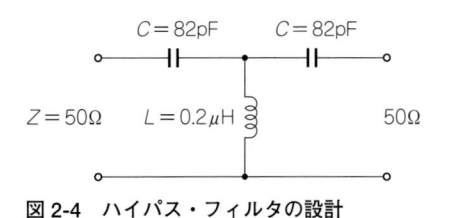

HPFフィルタは，コイルが1個で構成できるT型にした．
- 特性インピーダンス　$Z = 50\Omega$
- カットオフ周波数　$f_C = 40\text{MHz}$　より

$$C = \frac{1}{2\pi f_C Z} \fallingdotseq 80\text{pF} \qquad L = \frac{Z}{2\pi f_C} \fallingdotseq 0.199\mu\text{H}$$

近い値の82pFとする．　　実際に巻くコイルは0.2μH

フィルタ同士をつなぐコンデンサは82pFと82pFの直列接続になるので，合成容量 $C' = 41\text{pF}$．
近い値の，$C' = 39\text{pF}$ とする

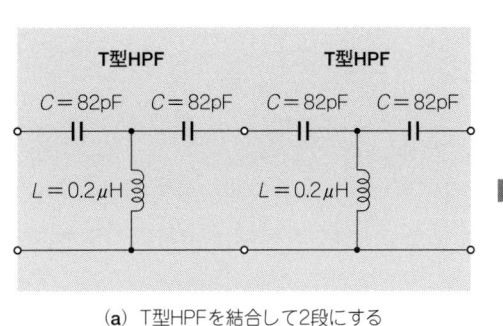

(a) T型HPFを結合して2段にする

(b) Cを合成容量 C' にする

図 2-5　HPF 2 段の回路図

- 減衰量　20MHz において -20dB 以上
  カットオフ周波数 f_c の 1/2 になる周波数の 20MHz とした．

● T型フィルタの設計

Q (quality factor) の値を 1 とすると，T 型フィルタのコンデンサ C の値とコイル L の値は，次の式から求めることができます．

$$C = \frac{1}{2\pi f_C Z} = \frac{1}{2\pi \times 40 \times 10^6 \times 50} \fallingdotseq 79.7 \times 10^{-12} \fallingdotseq 80.0\text{pF}$$

なので，$C = 82\text{pF}$ とします．

$$L = \frac{Z}{2\pi f_C} = \frac{1}{2\pi \times 40 \times 10^6} \fallingdotseq 0.199 \times 10^{-6} \fallingdotseq 0.2\mu\text{H}$$

図 2-4 は，設計値から回路図にした T 型ハイパス・フィルタです．ところで，T 型フィルタ 1 段では設計値の減衰量となる，20MHz において -20dB 以上を確保することができません．そこで，T 型フィル

2-2　ハイパス・フィルタの設計

タの2段接続とします.

　T型フィルタを2段接続すると，**図2-5**(**a**)のように，フィルタ間を接続するコンデンサは82pFと82pFの直列接続になります．そこで，図(**b**)のように1個のコンデンサにすると，合成容量 $C' = 41\text{pF}$ になります．実際に使用するコンデンサ C' の値は，39pFです．

2-3　ハイパス・フィルタの製作

　ハイパス・フィルタのコイルは空芯コイルで，製作はユニバーサル基板(穴あき基板)とします．

● ユニバーサル基板を選ぶ

　扱う周波数の上限をUHF帯までとして，ガラスまたはエポキシを素材にした基板とします．選んだ基板は，ガラス・コンポジット基板のICB-88SEG(サンハヤト)で，部品面がメッシュ・アースでパターン面が回路接続用のドットになっています．

　UHF帯以上では，基板の材質，部品の配置やパターンにより，回路の性能に差がでてきます．アース・パターンを広くとり，部品どうしを結ぶパターンを太く短くすることを心がけるようにします．

● インダクタンス値からコイルの形状を決める

　コイルは，**図2-6**(**a**)のような形状の空芯コイルとします．直径7.5mmの丸鉛筆を軸にして，線径0.65mmのポリウレタン銅線を巻きます．線径を0.65mmとすると内径が7.5mmになるので，コイルの線材の中心でのコイルの直径 d は約8.2mmです．また，長さ ℓ は，ICピッチの2.54mm×5の12.7mmとします．

　空芯コイルには漏れ磁束があるので，図(**b**)の長岡係数のグラフから，コイルの直径 d と長さ ℓ の関係から長岡係数 λ を求め，インダクタンス値を補正します．

$$d/\ell = 8.2/12.7 \fallingdotseq 0.65$$

から，$\lambda \fallingdotseq 0.78$ とします．

　ここで，コイルの断面積を $A\,[\text{m}^2]$，巻数 N を7回として，空芯コイルのインダクタンス値 L を次の式で求めてみます．

$$L = \lambda (4\pi \times 10^{-7})\frac{AN^2}{\ell} = 0.78 \times 4\pi \times 10^{-7} \frac{\pi(4.1 \times 10^{-3})^2 \times 7^2}{12.7 \times 10^{-3}} \fallingdotseq 0.200 \times 10^{-6} = 0.2\,\mu\text{H}$$

　製作する空心コイルのインダクタンス値 L が $0.2\,\mu\text{H}$ なので，設計値の $0.199\,\mu\text{H}$ に近い値になりました．もし，コイルのインダクタンス値 L が設計値と10%以上外れるようなら，図(**c**)のようにコイルの形状

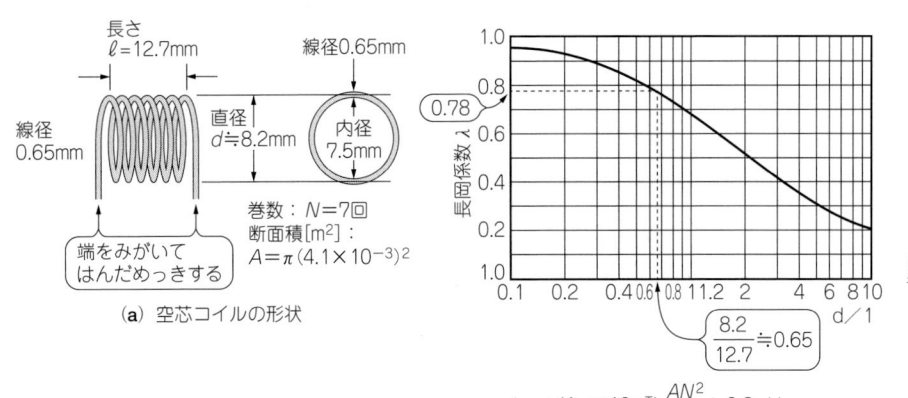

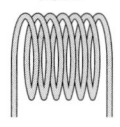

図 2-6 コイルの形状を決める

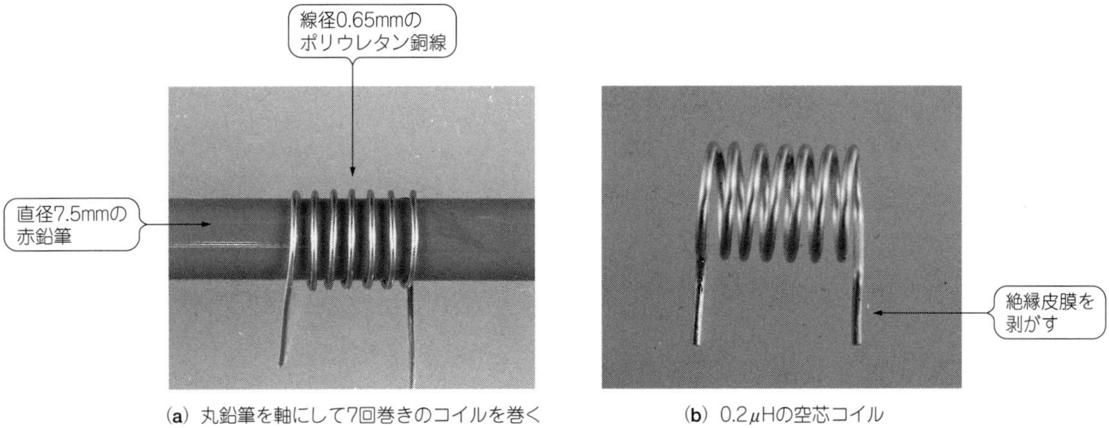

(a) 空芯コイルの形状
(b) 形状から長岡係数 λ を求める
(c) インダクタンス L を調整する

$$L = \lambda(4\pi \times 10^{-7})\frac{AN^2}{\ell} \fallingdotseq 0.2\,\mu H$$

写真 2-1 コイルを巻く

(a) 丸鉛筆を軸にして7回巻きのコイルを巻く
(b) $0.2\,\mu H$ の空芯コイル

を変えて，インダクタンスを再計算して調整します．

● コイルを巻く

形状が決まったので，ポリウレタン銅線でコイルを巻いてみます．

写真 2-1(a)のように，丸鉛筆を軸にして巻数 N が7回のコイルを巻き，軸に巻いたままで余分の線を切ります．このとき，コイルの線と線が接触しないように注意して均等に巻くようにします．

コイルの端子はラジオ・ペンチで曲げてから，端子部分の絶縁被膜を紙ヤスリなどで剥がしておきます．**写真**(b)は，丸鉛筆を軸にして巻いたインダクタンス $0.2\,\mu H$ のコイルです．

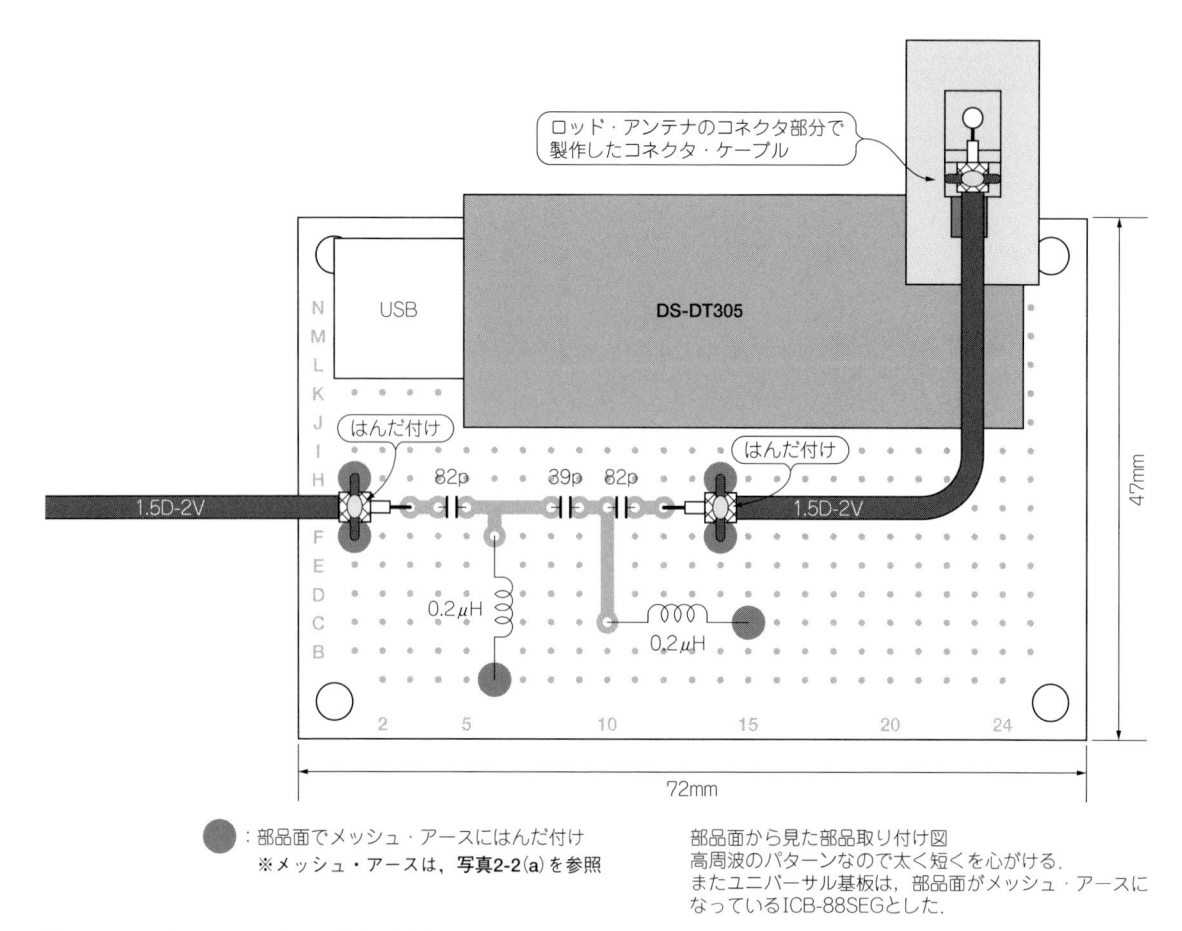

図2-7 ハイパス・フィルタの部品取り付け図

●：部品面でメッシュ・アースにはんだ付け
※メッシュ・アースは，**写真2-2(a)を参照**

部品面から見た部品取り付け図
高周波のパターンなので太く短くを心がける．
またユニバーサル基板は，部品面がメッシュ・アースになっているICB-88SEGとした．

● 基板に部品を取り付ける

図2-7の部品取り付け図のように，ガラス・コンポジット基板ICB-88SEGに部品をはんだ付けします．部品配置上で注意する点は，二つのコイルを直角に配置してコイル間の電磁結合を避けて，結合係数が最小になるようにします．

▶ コイルとコンデンサを取り付ける

2個のコイルと3個のコンデンサを，**写真2-2(a)** のように基板に取り付ます．コイルのアース側は基板の部品面のメッシュ・アースに直接ハンダ付けし，パターン面のコイルの端子とコンデンサのリード線は，基板のパターン面から0.5～1mm出るようにしてはんだ付けします．

パターンにあたる部分は，コンデンサのリード線の切れ端で接続してから，**写真(b)** のように，はんだを盛って太くします．

54　第2章　フィルタの設計・製作

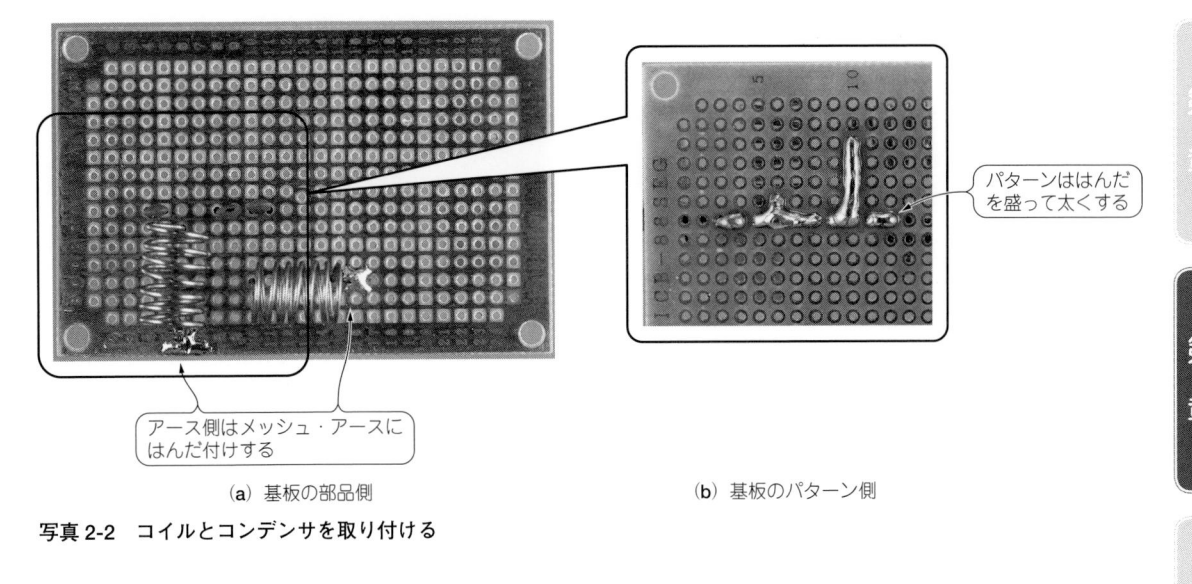

パターンははんだ
を盛って太くする

アース側はメッシュ・アースに
はんだ付けする

(a) 基板の部品側

(b) 基板のパターン側

写真 2-2 コイルとコンデンサを取り付ける

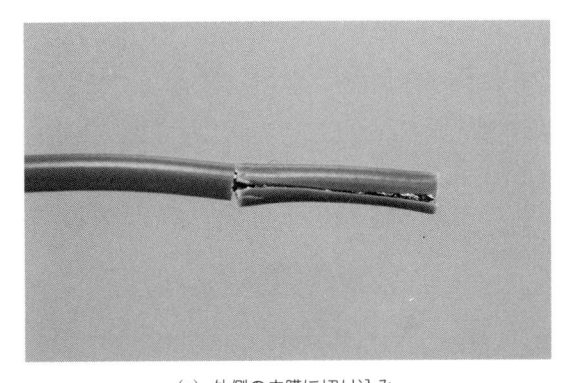

(a) 外側の皮膜に切り込み

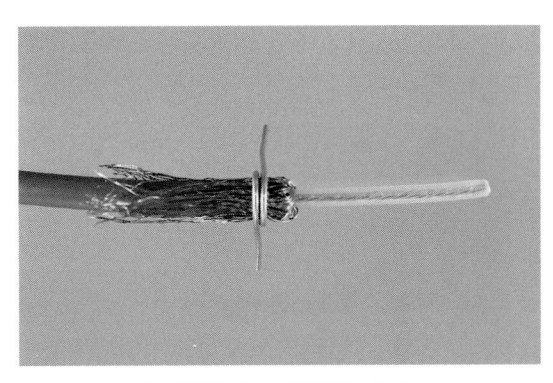

(b) 網線にメッキ線を巻き付ける

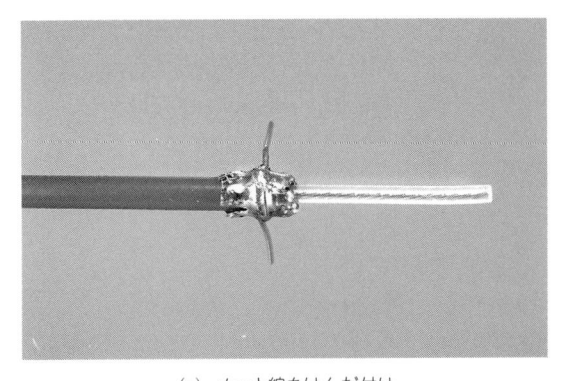

(c) メッキ線をはんだ付け

(d) 同軸ケーブルを基板にはんだ付け

写真 2-3 同軸ケーブルを加工して接続する

2-3 ハイパス・フィルタの製作

▶ アンテナ端子用の同軸ケーブルを接続する

接続用の同軸ケーブルは，インピーダンスが50Ωの1.5D2Vです．

写真 2-3(a)のように，カッターナイフで同軸ケーブルの外側の被膜に切り込みを入れて被膜を剥ぎます．つぎに**写真**(b)のように，同軸ケーブルの網線をほどいて外側へ曲げてから，**写真**(c)のようにスズめっき線を巻きはんだ付けします．

そして，内部導体の誘電体を剥ぎ取ってから，**写真**(d)のように基板にはんだ付けして取り付けておきます．

● コネクタ部分を作る

ワンセグ・チューナ DS-DT305 には，外部アンテナ接続用のケーブルが付属していますが，ここでは付属のロッド・アンテナのコネクタ部分を取り外して，穴あき基板の切れ端に取り付けて使ってみます．

写真 2-4(a)のように，コネクタの溝にスプリング・ワッシャを入れ，長さ10mmのビスと2mmと2.6mmのナットをはさみます．2mmと2.6mmのナットは，コネクタを基板から浮かせるスペーサの役目です．

つぎに基板に2mmの穴をあけ，ビスを基板に通して基板のパターン面で2mmまたは2.6mmのラグ端子をはさんでからナット締めします．こうすることでコネクタの芯線部分は，2mmのビスを通してパターンに接続されます．コネクタのアース側は，メッキ線を巻いてはんだ付けして穴あき基板に通します．

同軸ケーブルを基板にはんだ付けして，**写真**(b)のワンセグ・チューナとアンテナを接続するケーブルの完成です．

● 完成したハイパス・フィルタ

写真 2-5 は，完成したハイパス・フィルタです．基板は，アルミ板(50×130mm)を加工したシャーシに4本のビスナットで取り付け，ワンセグ・チューナは厚手の両面テープで基板に貼り付けました．

ワンセグ・チューナとパソコン間のUSB接続は，長さ1～2mのUSB延長ケーブルで接続するようにします．ワンセグ・チューナをパソコンから離しておくことで，パソコンから発射される高周波ノイズの

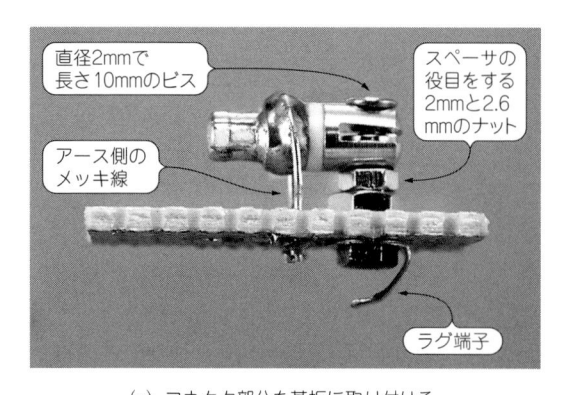

(a) コネクタ部分を基板に取り付ける　　　　(b) コネクタに同軸ケーブルを接続する

写真 2-4　コネクタを作る

影響を受けにくくします．

また，ハイパス・フィルタとワンセグ・チューナを金属ケースに入れて機器全体をシールドすると，さらにパソコンからノイズの影響を受けにくくなります．

● ハイパス・フィルタの特性

図 2-8 は，ハイパス・フィルタ 2 段の周波数特性です．製作した 2 段接続のハイパス・フィルタは，20MHz で −25dB，10MHz では −55dB の減衰特性になりました．周波数が 10MHz より低い電波の信号電圧は，約 1/560 以下になります．

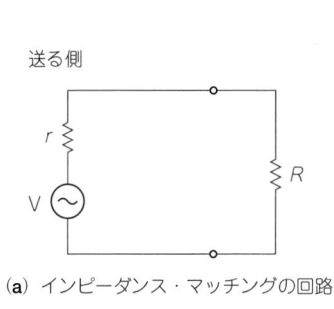

Column 2-1　インピーダンス・マッチング

高周波に使う機器や同軸ケーブルは，固有のインピーダンスをもっており，その値は 50Ω または 75Ω という値になっています．

ここで，設計する機器の入出力インピーダンスも 50Ω または 75Ω にして，インピーダンスを合わせる必要があります．このことをインピーダンス・マッチングといい，インピーダンス・マッチングさせることで電力が有効に伝わります．

図コラム 2-1 で，インピーダンスと電力の関係を考えてみましょう．図(a)に示す回路のように，送る側の出力インピーダンスを r [Ω]，負荷側のインピーダンスを R [Ω]とすると，負荷に供給される電力 P [W]はつぎのような式になります．

$$P = I^2 R = \left(\frac{V}{r+R}\right)^2 R = \frac{RV^2}{(r+R)^2}$$

ここで，$r = 75Ω$ として R を変化させたとき，負荷側に供給される電力 P を求めると図(b)のようなグラフになります．グラフから，$r = R$ のときに P は最大になり，インピーダンス・マッチングがとれていることがわかります．

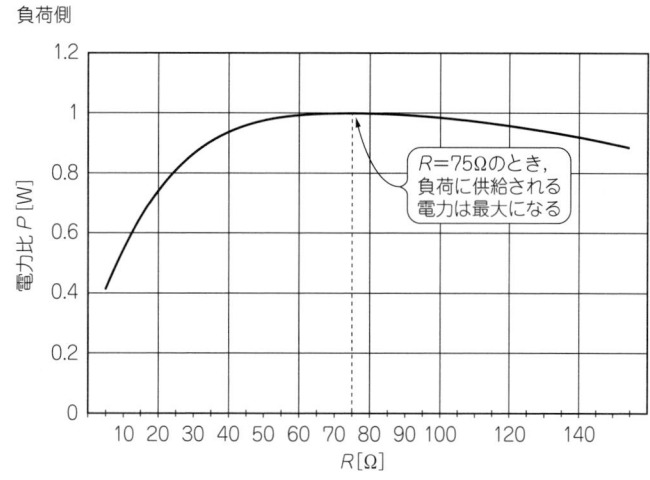

(a) インピーダンス・マッチングの回路

R=75Ωのとき，負荷に供給される電力は最大になる

電力比は，インピーダンス・マッチングの時の供給電力を1とした
(b) 負荷に供給される電力

図コラム 2-1
インピーダンス・マッチング

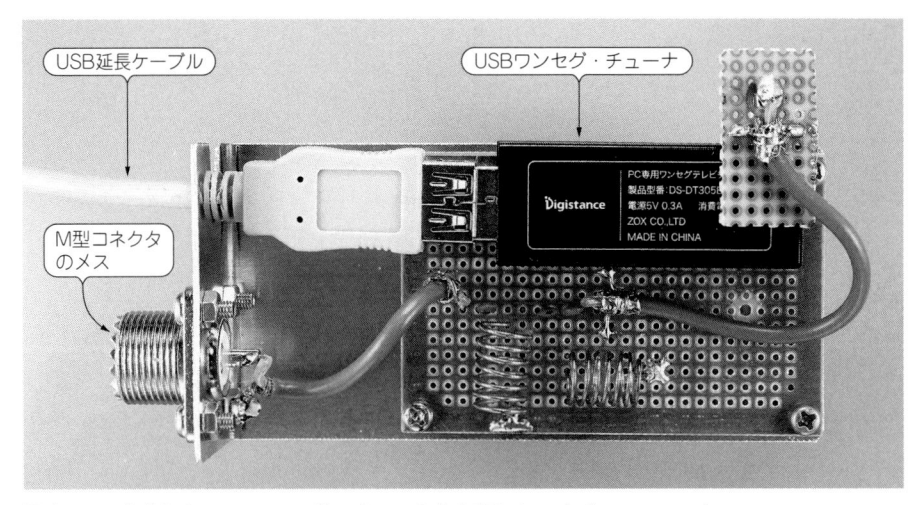

写真2-5 完成したUSBワンセグ・チューナを内蔵したハイパス・フィルタ

(a) 測定回路

ハイパス・フィルタに出力インピーダンス50Ωの標準信号発生器と75Ωの負荷を接続して測定した

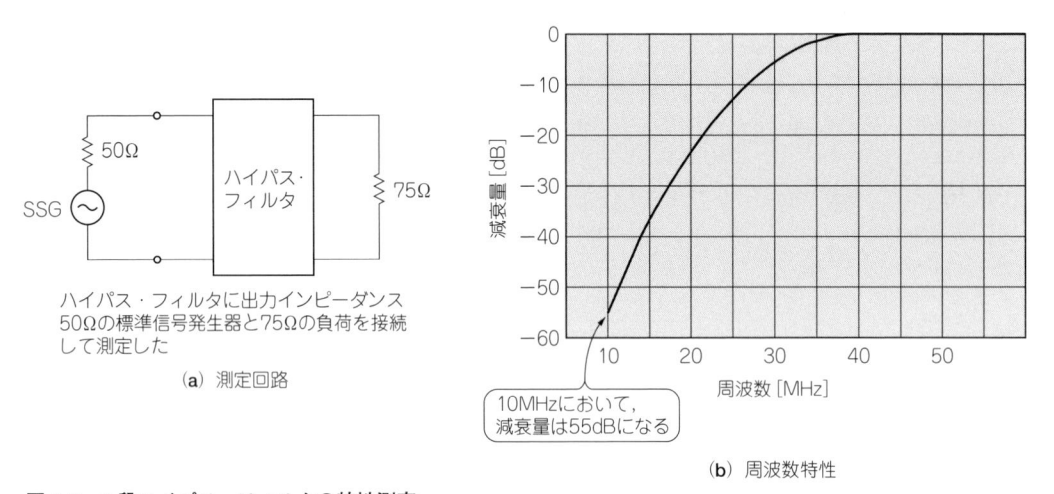

10MHzにおいて，減衰量は55dBになる

(b) 周波数特性

図2-8 2段ハイパス・フィルタの特性測定

2-4 ローパス・フィルタの設計

ワンセグ・チューナは，もともと地上波デジタル放送用なので，地デジの送信所に近い地域では混変調などの受信障害がおきます．そこで，地デジからの受信障害から逃れるためのローパス・フィルタ(LPF)を設計してみます．ローパス・フィルタの周波数特性は，300MHz以下を通過帯にして設計しました．

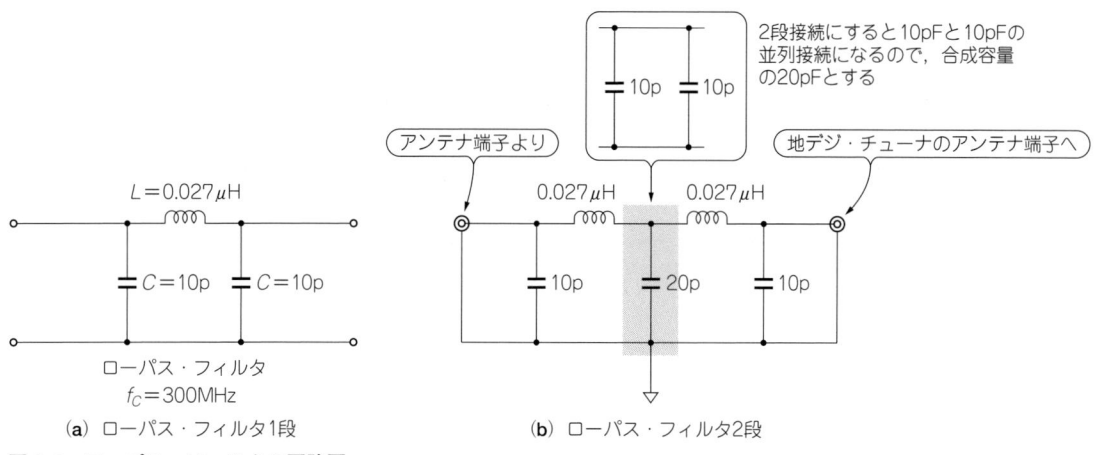

(a) ローパス・フィルタ1段
$L = 0.027\mu H$
$C = 10p$　$C = 10p$
$f_C = 300MHz$

(b) ローパス・フィルタ2段
アンテナ端子より
$0.027\mu H$　$0.027\mu H$
10p　20p　10p
2段接続にすると10pFと10pFの並列接続になるので，合成容量の20pFとする
地デジ・チューナのアンテナ端子へ

図2-9　ローパス・フィルタの回路図

● ローパス・フィルタの構成と動作

ローパス・フィルタの構成は，ハイパス・フィルタのコイル L とコンデンサ C が入れ替わったもので，図 2-3 のように T 型と π 型のフィルタがあります．ここでは，コイルが 1 個で構成できる π 型フィルタとしました．

● 設計仕様

- 入出力インピーダンス　50Ω
- カットオフ周波数（通過周波数の境界）　$f_c = 300\text{MHz}$
  部品の誤差および基板などの浮遊容量を考慮した．
- 減衰量　500MHz において -30dB 以上

● π型フィルタを設計

π 型フィルタのコンデンサ C の値とコイル L の値の求め方は，ハイパス・フィルタと同じ式で，次のようにして求めることができます．

$$C = \frac{1}{2\pi f_C Z} = \frac{1}{2\pi \times 300 \times 10^6 \times 50} \fallingdotseq 10.6 \times 10^{-12} \fallingdotseq 10\text{pF}$$

$$L = \frac{Z}{2\pi f_C} = \frac{50}{2\pi \times 300 \times 10^6} \fallingdotseq 0.0265 \times 10^{-6} \fallingdotseq 0.027\mu H$$

設計したローパス・フィルタは，図 2-9(a) のような回路図になりますが，設計仕様の減衰量にするために，図(b)の 2 段接続にします．

2-5 ローパス・フィルタの製作

● ユニバーサル基板を選ぶ

ハイパス・フィルタを作るときに選んだ基板(ICB-88SEG)でも製作できますが，ICピッチ穴の片面紙エポキシ基板(72×48mm)をカットしたものに銅板を張り，両面基板としてみました．銅板は，ホームセンタで購入した厚さ0.1mmの粘着剤付のもので，はさみやカッターナイフで簡単に切ることができます．

● コイルの形状を決める

線径0.65mmのポリウレタン線を直径4mmのドライバを軸にして巻くと，コイルの直径 d は約4.7mmになります．ここで，コイルの長さ ℓ を基板の穴のピッチの2.54mmの2倍の5.08mmとすると，

$$d/\ell = 4.7/5.08 \fallingdotseq 0.93$$

となります．図2-6の長岡係数の表から，λ を0.7とします．巻数 N を3回として，コイルのインダクタンス L [H] をつぎの式で求めます．

$$L = \lambda(4\pi \times 10^{-7})\frac{AN^2}{\ell} = 0.7 \times 4\pi \times 10^{-7}\frac{\pi(2.35\times 10^{-3})^2 \times 3^2}{5.08 \times 10^{-3}} \fallingdotseq 0.0270 \times 10^{-6} = 0.027\,\mu\mathrm{H}$$

製作する空心コイルのインダクタンス値 L が $0.027\,\mu\mathrm{H}$ なので，設計値の $0.027\,\mu\mathrm{H}$ と等しい値になります．しかし，周波数が高くなると理論どおりにならないので，ローパス・フィルタの周波数特性を測定して検討してみることにします．

● コイルを巻く

コイルの形状が決まったので，直径0.65mmのポリウレタン線を直径4mmのドライバを軸にして3回巻き，写真2-6のようにコイルの端子を曲げて磨きます．

● 基板に部品を取り付ける

図2-10は，部品面から見たローパス・フィルタの部品取り付け図です．

▶ 基板を加工する

部品面に張る厚さ0.1mmの銅板を基板より大きめに切り，写真2-7(a)のように紙エポキシ基板の部品面に貼り，基板の大きさに合わせて切っておきます．

部品を取り付ける前に，部品面に貼った銅板を加工します．まず，コンデンサとコイルのリード線を通す穴をパターン側から銅板にあけ，その穴の位置の銅板の部分を，写真(b)のように4～5mmのドリル

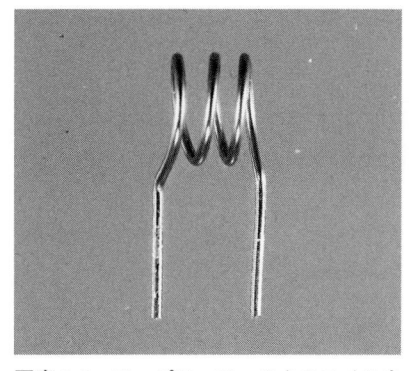

写真 2-6 ローパス・フィルタのコイルを巻く
直径 4.7mm 巻数 3 回の 0.027μH の空芯コイル

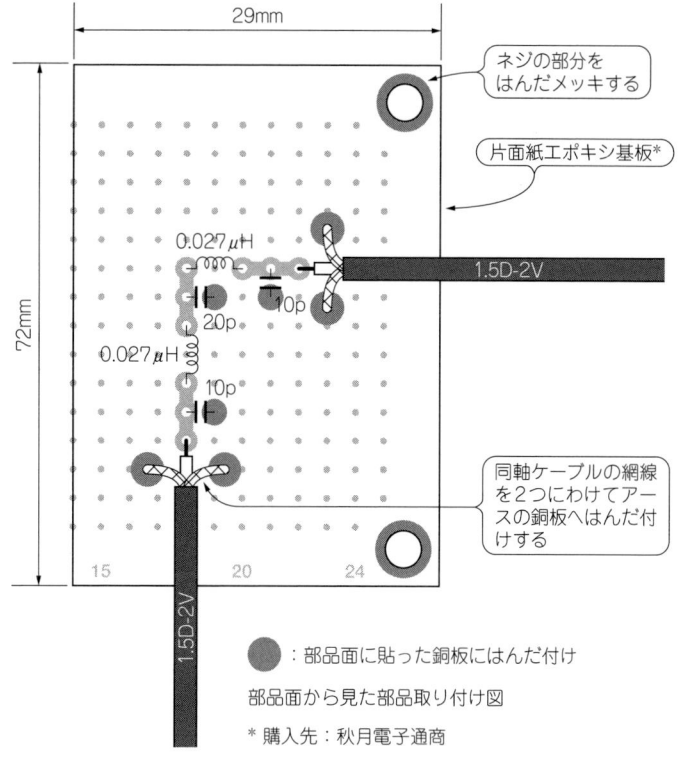

図 2-10 ローパス・フィルタの部品取り付け図

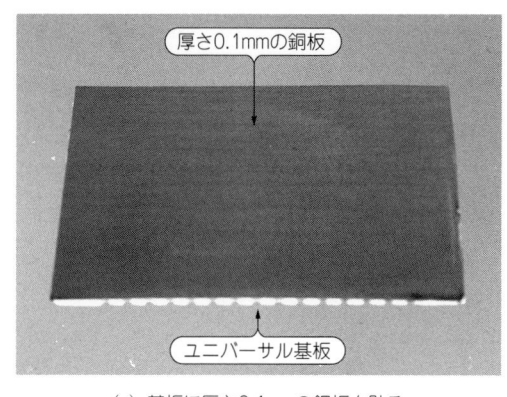

- ネジの部分をはんだメッキする
- 片面紙エポキシ基板*
- 同軸ケーブルの網線を2つにわけてアースの銅板へはんだ付けする

● ：部品面に貼った銅板にはんだ付け
部品面から見た部品取り付け図
* 購入先：秋月電子通商

(a) 基板に厚さ0.1mmの銅板を貼る
(b) 部品面から銅板を削る
写真 2-7 基板を加工する

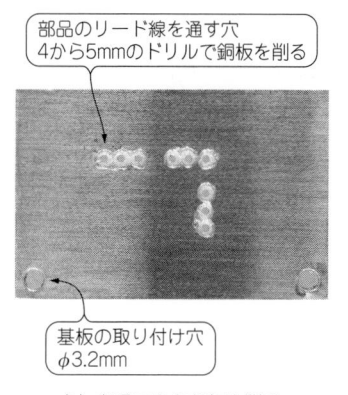

- 厚さ0.1mmの銅板
- ユニバーサル基板
- 部品のリード線を通す穴 4から5mmのドリルで銅板を削る
- 基板の取り付け穴 φ3.2mm

のキリで削ります．

▶ コイルとコンデンサを取り付ける

 2個のコイルと3個のコンデンサをはんだ付けします．コンデンサのアース側を銅板にはんだ付けする

2-5 ローパス・フィルタの製作　61

コツは，少し熱量の高いはんだゴテを使うことです．60W程度のはんだゴテを使って，熱が銅板を伝わって逃げないうちに短時間ですませるようにします．

信号の通るパターンは，ハイパス・フィルタの基板と同じようにはんだを盛って太くします．

そして，**写真2-8**のように，基板に同軸ケーブルをはんだ付けすれば完成です．

● 完成したローパス・フィルタ

完成した2段接続のπ型ローパス・フィルタを，**写真2-9**のようにT型ハイパス・フィルタの基板上へ取り付けて，40～300MHzのバンドパス・フィルタにしました．ローパス・フィルタの基板への取り付けは，10mmの金属製のスペーサでハイパス・フィルタの基板から浮かして取り付けています．基板どうしのアースは，基板を固定する3mmのビスナット2本で接続されます．

フィルタとワンセグ・チューナの接続には，両端がF型プラグ(オス)になっている接続ケーブルま

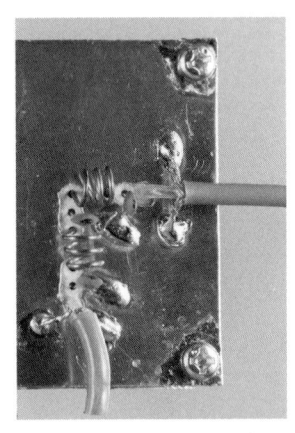

写真2-8 完成したローパス・フィルタ

写真2-9 ローパス・フィルタとハイパス・フィルタを組み合わせる
ローパス・フィルタをハイパス・フィルタの基板に取り付けて，40～300MHzのバンドパス・フィルタにした

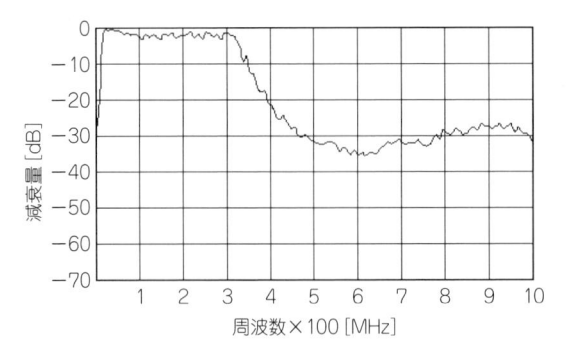

図2-11
HPF＋LPFの特性
地上波ディジタル放送の周波数の470MHz以上の減衰量は約−30dB，LPFのカットオフ周波数は300MHzで設計した

はオス/オス変換アダプタを使います．

● ローパス・フィルタの特性

図 2-11 の周波数特性は，ハイパス・フィルタとローパス・フィルタを組み合わせたものです．製作したローパス・フィルタは，地デジの周波数の 470MHz で−30dB の減衰特性になりました．

2-6 ハイパス・フィルタと広帯域アンプの組み合わせ

ワンセグ・チューナで広帯域受信をしているときに，感度が不足することがあります．たとえば，エア・バンドを受信するときに，管制塔からの距離が遠いため電波が弱く受信できないことがあります．

そこで，ハイパス・フィルタと広帯域アンプ組み合わせて受信感度を上げてみます．

● 広帯域アンプ用 IC を選ぶ

広帯域アンプ用 IC は，比較的入手しやすいミニサーキット社の製品にしました．数多くある製品のうち，写真 2-10 のような電力利得が 12dB の MAR-2(MAR-2SM) と，25dB の MAR-8(MAR-8ASM) を選びました．表 2-1 は，MAR-2 と MAR-8 の仕様です．

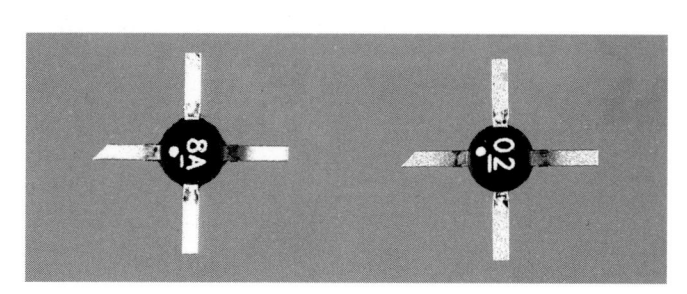

MAR-8A
G_p = 25dB

MAR-2
G_p = 12dB

写真 2-10　広帯域アンプ用 IC

表 2-1　広帯域アンプ用 IC の仕様

品　名	動作電圧	回路電圧 V_{CC}	回路電流 I_{CC}	電力利得 GP	周波数帯域 f	最大出力 P_O	雑音指数 NF	備　考
MAR-2	5 V	7〜15 V	25 mA	12dB	DC〜2GHz	+7dBm	3.7dB	同等品MAR-2SM +
MAR-8A +	3.2〜4.2	7〜15 V	36 mA	25dB	DC〜1GHz	+12.5dBm	3.1dB	同等品MAR-8ASM

注：周波数1GHzのときの値
　　最大出力は1dB抑圧のとき

ここでは，MAR-2 で設計・製作を進めていきます．さらに利得を上げたいときには，MAR-8 に変更するようにしてください．ただし，高周波回路では，利得が高すぎると回路が不安定になりやすいことを念頭におきましょう．

● 広帯域アンプと地デジ・チューナのインピーダンス・マッチング

広帯域アンプの入出力インピーダンスは 50Ω で，地デジ・チューナの入力インピーダンスは 75Ω なので，そのままつなぐとインピーダンスはミス・マッチングになります．

しかし，50Ω と 75Ω のミス・マッチングによる電力損失は 4％程度なので，回路を簡素化するのためインピーダンス整合回路は省くことにしました．

● 広帯域アンプの設計

図 2-12(a)が，ハイパス・フィルタと広帯域アンプ MAR-2 の回路図です．

回路電流 I_{CC} を 25mA に設定するために，回路電圧によりバイアス抵抗値を決めます．回路電圧を 8V とすると，図(b)からバイアス抵抗 R は 121Ω になるので，R を 120Ω とします．

● 基板に部品を取り付ける

基板は，ガラス・コンポジットの ICB-88SEG(72×47mm)としますが，ローパス・フィルタと同じように片面紙エポキシ基板＋銅板で製作することもできます．

図 2-13 は，ハイパス・フィルタと広帯域アンプの部品取り付け図です．

▶ コイルとコンデンサと抵抗を取り付ける

写真 2-11(a)のように，基板にコイルとコンデンサと抵抗を取り付けます．コイルとコンデンサのアース側リード線は，部品面のメッシュ・アースにはんだ付けします．パターン面の接続は，リード線にはんだを盛って太くします．

▶ IC を取り付ける

広帯域アンプの MAR-2 は小さいので，写真 2-11(b)のように瞬間接着材で基板に留めてからはんだ付けします．はんだゴテの熱で MAR-2 を熱し過ぎて壊さないように注意してください．

また，電源電圧が 10 ～ 15V なら，三端子レギュレータ 78N08 は，78L08 に変更することができます．

● 完成したハイパス・フィルタと広帯域アンプ

完成した基板は，写真 2-12 のようにアルミ・ケース MB-2(タカチ：W70×H50×D100mm)に入れました．DS-DT305 に付属の外部アンテナ用ケーブルを切断して基板にはんだ付けし，ワンセグ・チューナと接続しました．

ローパス・フィルタと同じように，"F 型コネクタのメス→ F 型接続ケーブル(またはオス／オス変換コネクタ)→ DS-DT305 に付属のケーブル"のように接続することもできます．

(a) 回路図

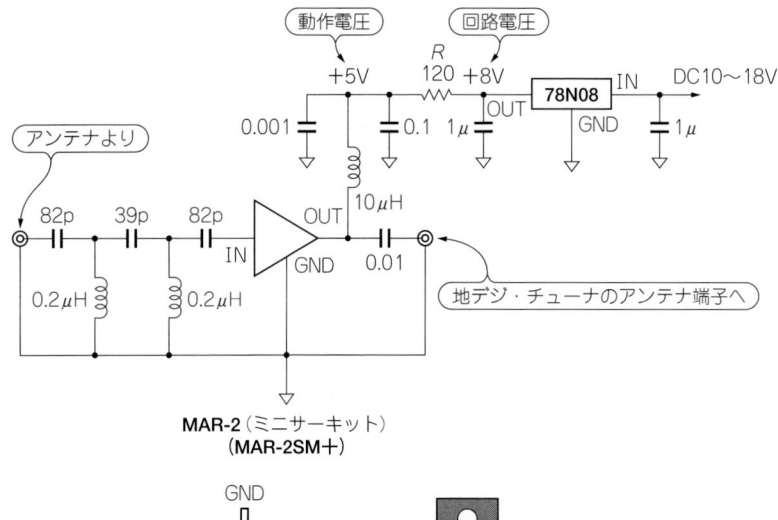

回路電圧	バイアス抵抗 $R[\Omega]$	
$V_{CC}[V]$	MAR-2*	MAR-8A+*
7	80.6	88.7
8	121	118
9	162	143
10	200	174
11	243	200
12	280	226
13	324	255
14	357	280
15	402	309

* 購入先 (有) ミニサーキットヨコハマ

(b) 回路電圧とバイアス抵抗 R の値

図 2-12　ハイパス・フィルタと広帯域アンプの回路図

● ：部品面でメッシュ・アースにはんだ付け　　広域帯アンプICのMAR-2で12dB程度増幅できる

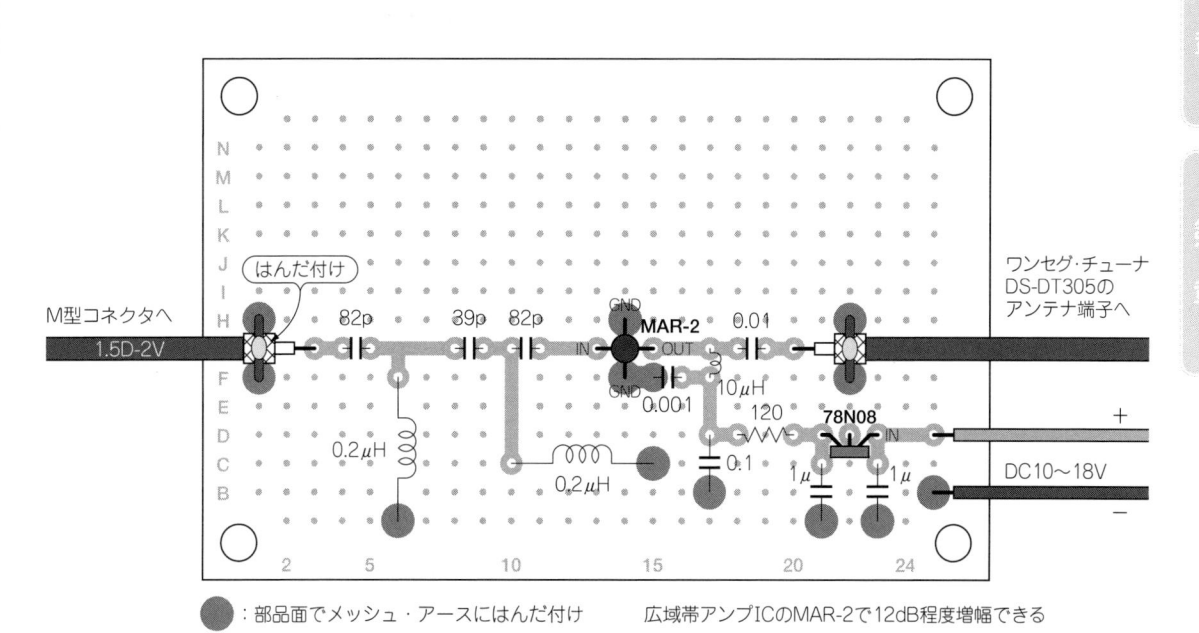

図 2-13　ハイパス・フィルタ＋広帯域アンプの部品取り付け図

2-6　ハイパス・フィルタと広帯域アンプの組み合わせ

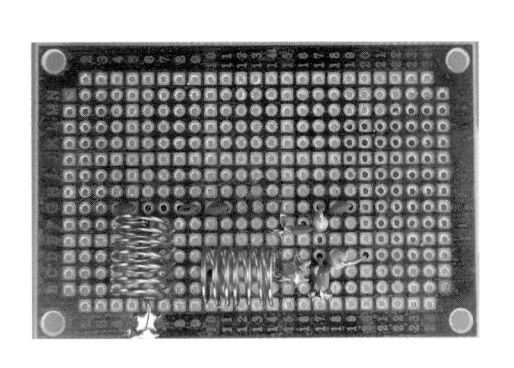

(a) コイルとコンデンサと抵抗を取り付ける　　　　　　　　　　(b) ICと同軸ケーブルを取り付ける

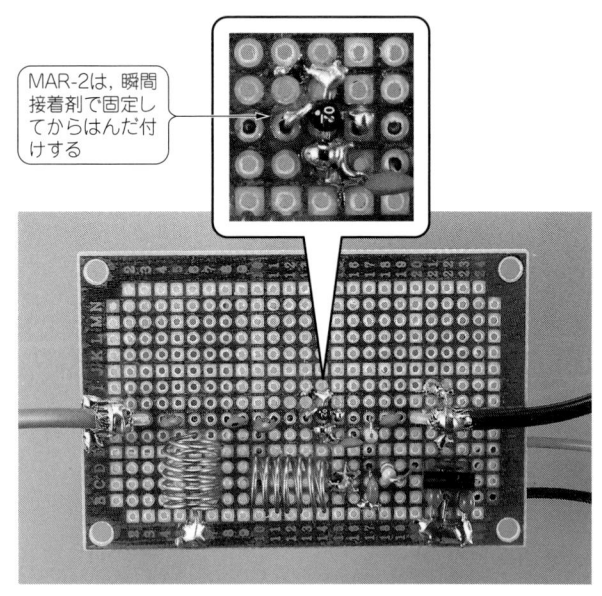

写真 2-11　部品を取り付ける

MAR-2は，瞬間接着剤で固定してからはんだ付けする

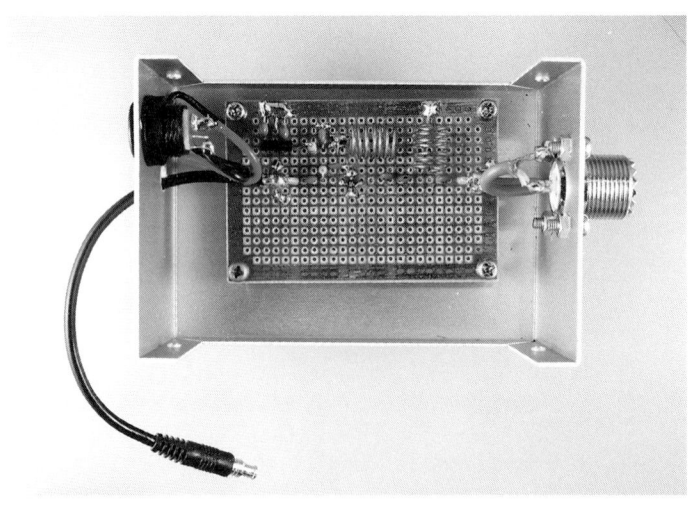

写真 2-12　完成したハイパス・フィルタと広帯域アンプをケースに入れる

● 広帯域アンプとハイパス・フィルタの特性

　図 2-14 は，ハイパス・フィルタと広帯域アンプ MAR-2 の特性です．利得は，約 12dB となっています．
　また，**写真 2-13** は，片面紙エポキシ基板＋銅版で製作したハイパス・フィルタと広帯域アンプ MAR-8+ の回路です．利得は，MAR-2 の倍以上の 25dB となりました．

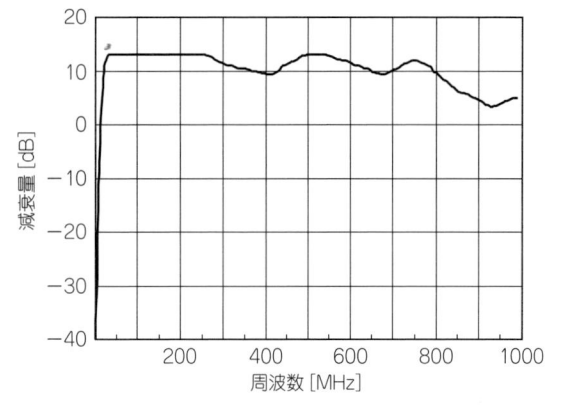

図2-14 ハイパス・フィルタと広帯域アンプの特性
800MHzまでは10dB以上の利得になるが，800MHz以上では減衰する

写真2-13 ハイパス・フィルタとMAR-8
片面紙エポキシ基板に銅板を貼って作った．利得は25dBになった

◆ 引用文献 ◆

(1) MAR-2，MAR-8 データシート，(有)ミニサーキットヨコハマ

第3章

プリセレクタの設計と製作

- ▶ 3-1　プリセレクタとは
- ▶ 3-2　プリセレクタの動作と設計
- ▶ 3-3　プリセレクタの製作
- ▶ 3-4　プリセレクタの調整

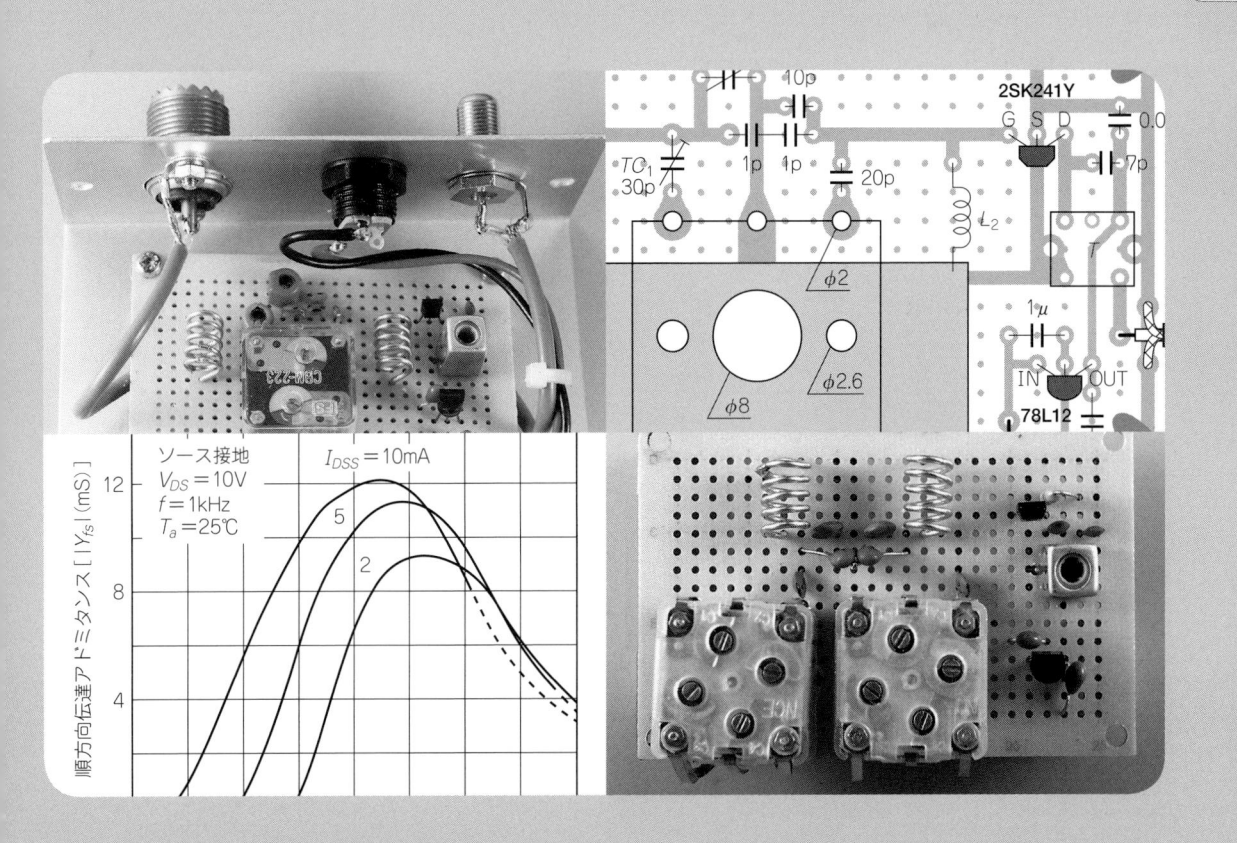

ラジオを受信中に，数MHz離れた周波数で強力な電波が発射されると，受信不能になることがあります．これは干渉妨害と呼ぶ現象で，本書で紹介しているワンセグ・チューナをSDRとして使った場合，干渉妨害波に弱いという欠点を持っています．ここではプリセレクタと呼ばれるフィルタを受信機に取り付けて，干渉妨害波を減衰させることにします．

3-1 プリセレクタとは

● プリセレクタで選択度を向上させる

プリセレクタは，図3-1(a)のようにコイルとコンデンサを並列に接続したLC共振回路のフィルタで，干渉妨害波を減衰させ，希望する受信周波数を通過させます．

ところで，LC共振回路の選択性はQ(Quality factor)という数値で表示します．図(b)の共振回路の特性において，Qと中心周波数f_0，帯域幅BW(Band width)との関係はつぎのような式になります．

$$Q = \frac{f_0}{BW}$$

また，Qの値によりLC共振回路の特性は，図(c)のようになるので，Qの数値が大きいほどLC共振

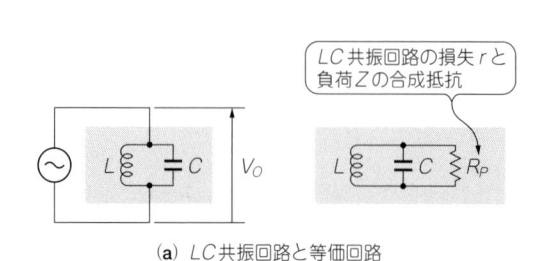

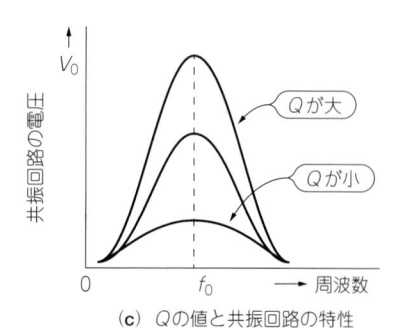

(a) LC共振回路と等価回路

(b) LC共振回路の特性

(c) Qの値と共振回路の特性

図3-1 LC共振回路のフィルタ

回路の選択性は向上します．
　ここで，HF帯とVHF帯で，$BW = 1\text{MHz}$ のLC共振回路を例にしてQを求めてみます．共振周波数 $f_0 = 10\text{MHz}$ で，帯域幅 $BW = 1\text{MHz}$ という性能のフィルタのQは，

$Q = 10\text{MHz} / 1\text{MHz} = 10$

になるので，簡単なLC共振回路で実現できます．
　一方，共振周波数 $f_0 = 100\text{MHz}$ で，帯域幅 $BW = 1\text{MHz}$ というフィルタのQは，

$Q = 100\text{MHz} / 1\text{MHz} = 100$

になります．つまり，通過する周波数の帯域幅が同じでも，共振周波数が高くなるほどQの大きなフィルタが必要になるということがわかります．また，Qが大きいほどLC共振回路の設計・製作は難しくなり，使用する部品の特性も考慮する必要がでてきます．
　ここでは，特殊な部品を使わなくても実現できる範囲として，プリセレクタの仕様を次のようにします．

- 中心周波数 $f_0 = 122.5\text{MHz}$
- $Q = 100$

とすると，

- $BW ≒ 1.23\text{MHz}$

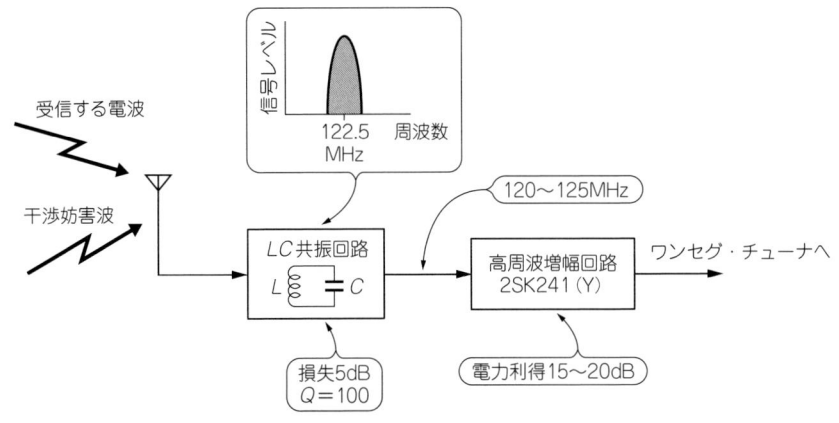

図3-2　プリセレクタのブロック図

3-1　プリセレクタとは

のフィルタになります．また，共振周波数を 120 〜 125MHz の範囲で調整できるようにします．

● プリセレクタの構成

図 3-2 のブロック図は，本書で設計，製作したプリセレクタです．周波数フィルタの役目をする LC 共振回路と，トランジスタ 2SK241(Y) の高周波増幅回路を組み合わせています．

LC 共振回路の共振周波数を 120 〜 125MHz に調整できるようにします．また，利得配分は，LC 共振回路などの損失を約 5dB，高周波増幅回路の利得を 15 〜 20dB とすると，全体の利得は 10 〜 15dB になります．

3-2 プリセレクタの動作と設計

● 高周波増幅回路

高周波増幅回路には，図 3-3 に示す仕様の 2SK241 を使用します．2SK241 は FM/VHF 帯増幅用の MOS FET です．図(a) の電気的特性を見ると，電力利得 G_p は 26dB(at100MHz) で，入力容量 C_{iss} は 3pF です．

電力利得に関係する順方向アドミタンス $|Y_{fs}|$ は，図(b) のように 2SK241 のドレイン電流 I_{DSS} の値でランク別けしてあります．ここでは，2SK241 の Y ランクを選び，高周波増幅回路の利得を 15 〜 20dB と低めに設定しました．

● LC 共振回路

LC 共振回路の共振周波数 f_0 は，次の式で求めることができます．

$$f_0 = \frac{1}{2\pi\sqrt{LC}}$$

LC 共振回路の共振周波数 f_0 は，120 〜 125MHz の中心周波数になる 122.5MHz で設計を進めていきます．

▶ コンデンサ C の値

共振周波数はポリ・バリコンで調整します．ポリ・バリコンの容量 C_v を 3 〜 20pF として，図 3-4 の回路で合成容量を求めてみます．ポリ・バリコンには $C_S = 20$pF と $C_p = 10$pF を接続して，容量変化量を小さくします．

また，合成容量に 2SK241 の入力容量 C_{iss} の 3pF が加わることを考慮して，ポリ・バリコンの容量が 20pF のときの合成容量 C_{max} を求めてみると，

項　目	記号	測定条件	最小	標準	最大	単位
ゲート漏れ電流	I_{GSS}	$V_{DS}=0$, $V_{GS}=\pm 5V$	—	—	$\pm 5V$	nA
ドレイン-ソース間電流	V_{GSS}	$V_{GS}=-4V$, $I_D=100\mu A$	20	—	—	V
ドレイン電流	I_{DSS}(注)	$V_{DS}=10V$, $V_{GS}=0$	1.5	—	14	mA
ゲート-ソース間しゃ断電圧	$V_{GS(OFF)}$	$V_{DS}=10V$, $I_D=100\mu A$	—	—	−2.5	V
順方向伝達アドミタンス	$|Y_{fs}|$	$V_{DS}=10V$, $V_{GS}=0$, $f=1kHz$	—	10	—	mS
入力容量	C_{iss}	$V_{DS}=10V$, $V_{GS}=0$, $f=1kHz$	—	3.0	—	pF
帰還容量	C_{rss}		—	0.035	0.050	pF
電力利得	G_{ps}	$V_{DS}=10V$, $V_{GS}=0$,	—	28	—	dB
雑音指数	NF	$f=100MHz$	—	1.7	3.0	dB

注：I_{DSS} 分類　O：1.5～3.5mA, Y：3.0～7.0mA, GR：6.0～14.0mA

(a) 電気的特性

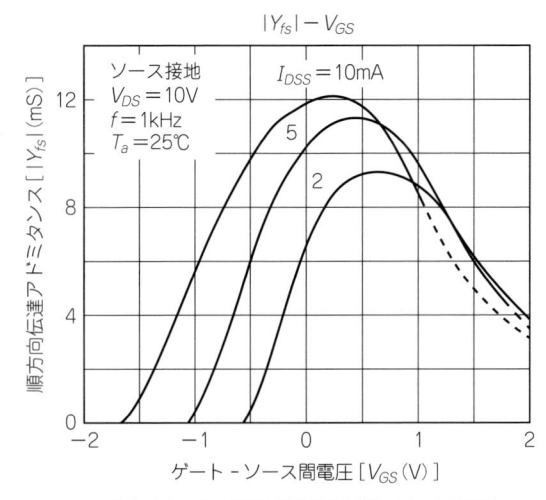

(b) ドレイン電流と順伝達アドミタンスの関係

図 3-3　2SK241 の仕様

$$C_{\max} = \frac{C_v \cdot C_S}{C_v + C_S} + C_p + C_{iss} = \frac{20 \times 20}{20 + 20} + 10 + 3 = 23\text{pF}$$

になります．同じように，ポリ・バリコンの容量が 3pF のときの容量 $C_{\min}$ を求めてみると，

$$C_{\min} = \frac{3 \times 20}{3 + 20} + 10 + 3 = 15.6\text{pF}$$

となるので，ポリ・バリコンのシャフトを回して合成容量 C を 15.6 ～ 23pF で調整できます．

ポリ・バリコンの容量 C_V=20pF のときの合成容量 C_{max} を求めると

$$C_{max} = \frac{C_V \cdot C_S}{C_V + C_S} + C_P + C_{iss} = 23\text{pF}$$

同じようにしてポリ・バリコンの容量 C_V=3pF のときの合成容量 C_{min} を求めると

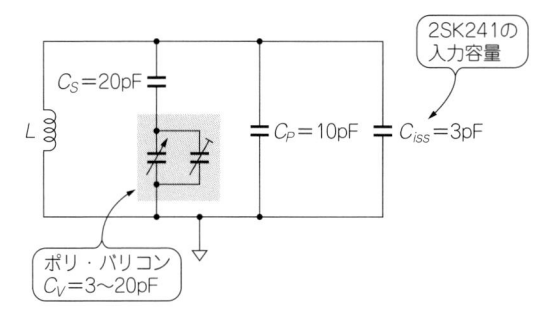

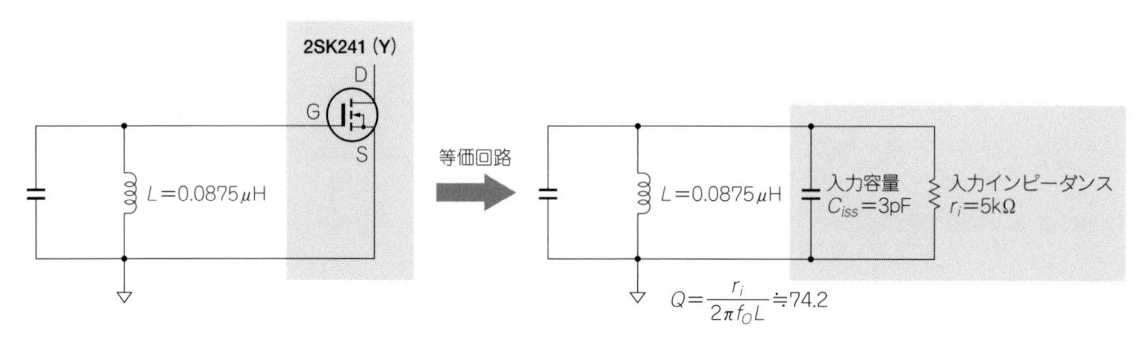

$$C_{min} \fallingdotseq 15.6\text{pF}$$

図 3-4 コンデンサの合成容量

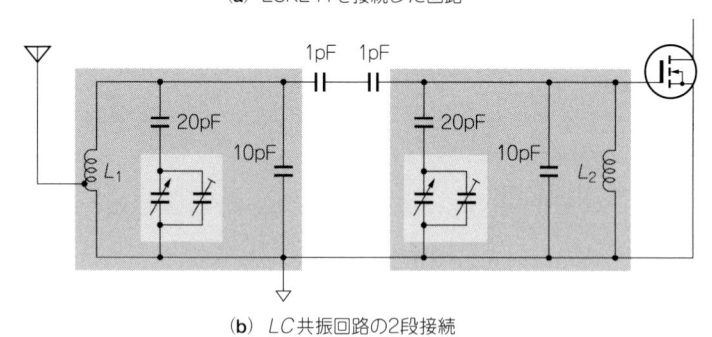

図 3-5 LC 共振回路の Q

(a) 2SK241 を接続した回路

(b) LC 共振回路の 2 段接続

▶ コイル L の値

プリセレクタの周波数は 120～125MHz なので，その中心となる周波数の 122.5MHz を f_0 として，L と C の値を求めてみます．合成容量 C の変化は 15.6～23pF なので，中心値の 19.3pF として，コイルのインダクタンス L を求めてみます．

$$L = \frac{1}{4\pi^2 f_0^2 C} = \frac{1}{4\pi^2 \times (122.5 \times 10^6)^2 \times 19.3 \times 10^{-12}} \fallingdotseq 0.0875\,\mu\text{H}$$

▶ 共振回路の Q

図 3-5(a)の 2SK241 を接続した等価回路で，LC 共振回路の Q を求めてみます．

共振回路の Q は，コイル L，コンデンサ C と並列に接続した抵抗の値から，次の式で求めることができます．

$$Q = \frac{R_p}{2\pi f_0 L} = 2\pi f_0 C R_p$$

ここで，データシートより，2SK241 の入力インピーダンス r_i を 5kΩ なので，$R_p = r_i$ とすると，

$$Q = \frac{r_i}{2\pi f_0 L} = \frac{5000}{2\pi \times 122.5 \times 10^6 \times 0.0875 \times 10^{-6}} \fallingdotseq 74.2$$

Q の値が 74.5 なので，LC 共振回路は図 3-5(b)のように 2 段接続にして，$Q > 100$ になるようにします．しかし，実際にはコイルや基板の損失，コイルや配線の分布容量，アンテナなどの影響により，設計値より Q の値は小さくなります．

3-3 プリセレクタの製作

図 3-6 はプリセレクタの回路図，表 3-1 は製作に必要な部品表です．L_1 と L_2 は，設計で求めたコイル L になり，T は高周波増幅回路の出力側の共振回路用です．

● コイルの形状

コイルの形状は，巻数 N を 5 回，コイルの長さ ℓ を 10mm，直径は 7mm です．コイルの巻線を太くしてコイルの損失を減らすと Q の値は大きくなるので，線径 1mm のすずメッキ線で巻きます．

コイルのインダクタンスは，次のようにして求めることができます．

$d/\ell = 7/10 = 0.7$ なので，第 2 章の長岡係数の表から $\lambda \fallingdotseq 0.76$ としてインダクタンス L を求めてみると，

$$L = \lambda \left(4\pi \times 10^{-7} \frac{AN^2}{\ell}\right) = 0.76 \times 4\pi \times 10^{-7} \frac{\pi (3.5 \times 10^{-3})^2 \times 5^2}{10 \times 10^{-3}} \fallingdotseq 0.0875 \times 10^{-6} = 0.088 \mu H$$

となります．コイルのインダクタンス L は，設計値の $0.0875\mu H$ に近い値となりました．

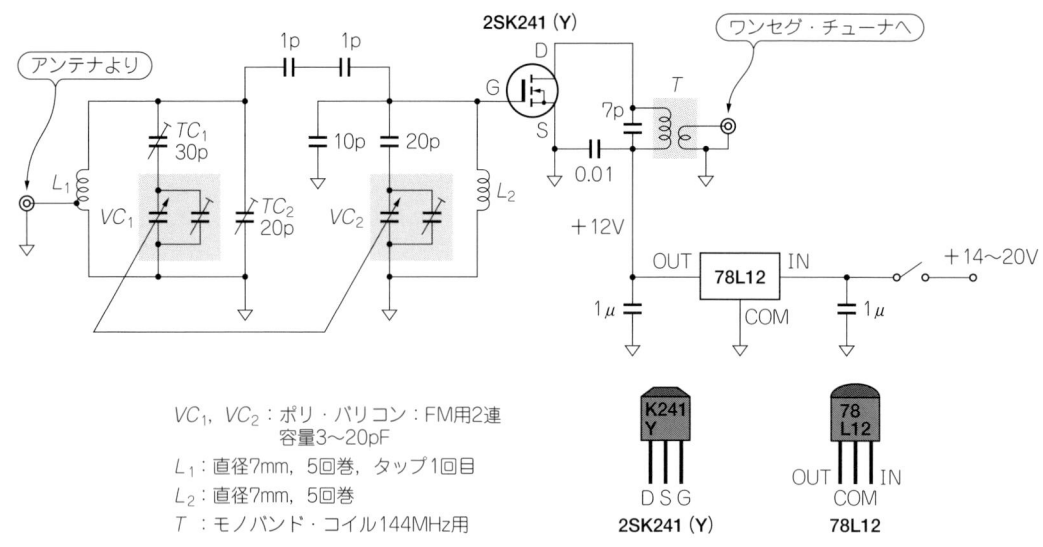

図 3-6　プリセレクタの回路図

VC_1, VC_2：ポリ・バリコン：FM用2連
　　　　容量3〜20pF
L_1：直径7mm, 5回巻, タップ1回目
L_2：直径7mm, 5回巻
T：モノバンド・コイル144MHz用

表 3-1　部品表

品　名	形式・仕様	数量	備考・購入先
IC	78L12	1	①②③
FET	2SK241Y（東芝）	1	①④
セラミック・コンデンサ	1pF	2	0.5pFを1個でも可
	7pF	1	
	10pF	1	
	20pF	1	
	0.01μF	1	
積層セラミック・コンデンサ	1μF	2	
半固定コンデンサ	20pF	1	
	30pF	1	
ポリ・バリコン	FM用2連, 最大容量20〜25pF	1	①
ポリ・バリコン延長シャフト		1	①
コイル T	モノ・バンド・コイル　144MHz用7mm角	2	①②
ユニバーサル基板	紙エポキシ基板	1	47×72mm程度の穴あき基板, ①
M型コネクタのメス		1	アンテナ用
F型コネクタのメス		1	ワンセグ・チューナ用
DCジャック		1	
すずメッキ線	直径1mm	20cm	
同軸ケーブル	1.5D-2Vまたは1.7C-2V	30cm	
銅板	厚さ0.1mm　大きさ38×23mm	1	ホームセンタで購入
ケース	タカチTS-1S（W100×H30, 42.5×D75)	1	傾斜型ケース
その他	F型接続ケーブル（またはF型オス/オス変換アダプタ），配線用ビニール被覆電線，基板取り付け用ビス・ナット・スペーサ，電源用アダプタなど		

主な購入先　①サトー電気，②千石電商，③秋月電子通商，④マルツパーツ

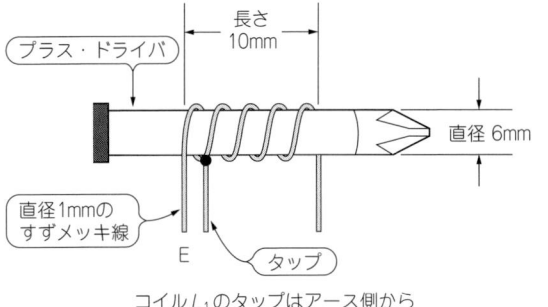

図 3-7 コイル L_1 と L_2 を巻く

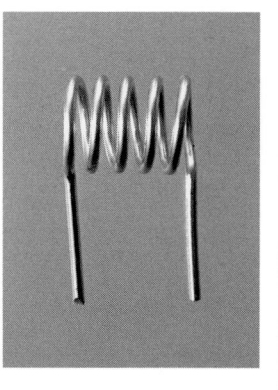

プラス・ドライバ
長さ 10mm
直径 6mm
直径1mmのすずメッキ線
E
タップ

コイル L_1 のタップはアース側から1回目．コイルを基板に取り付けてから，タップをはんだ付けする

写真 3-1
コイル L_1 と L_2

1mmのすずメッキ線で，直径6mmのドライバを軸にして5回巻くと，コイルの内径は6mmで直径は7mmになる．コイルのインダクタンス L は $0.088\mu H$

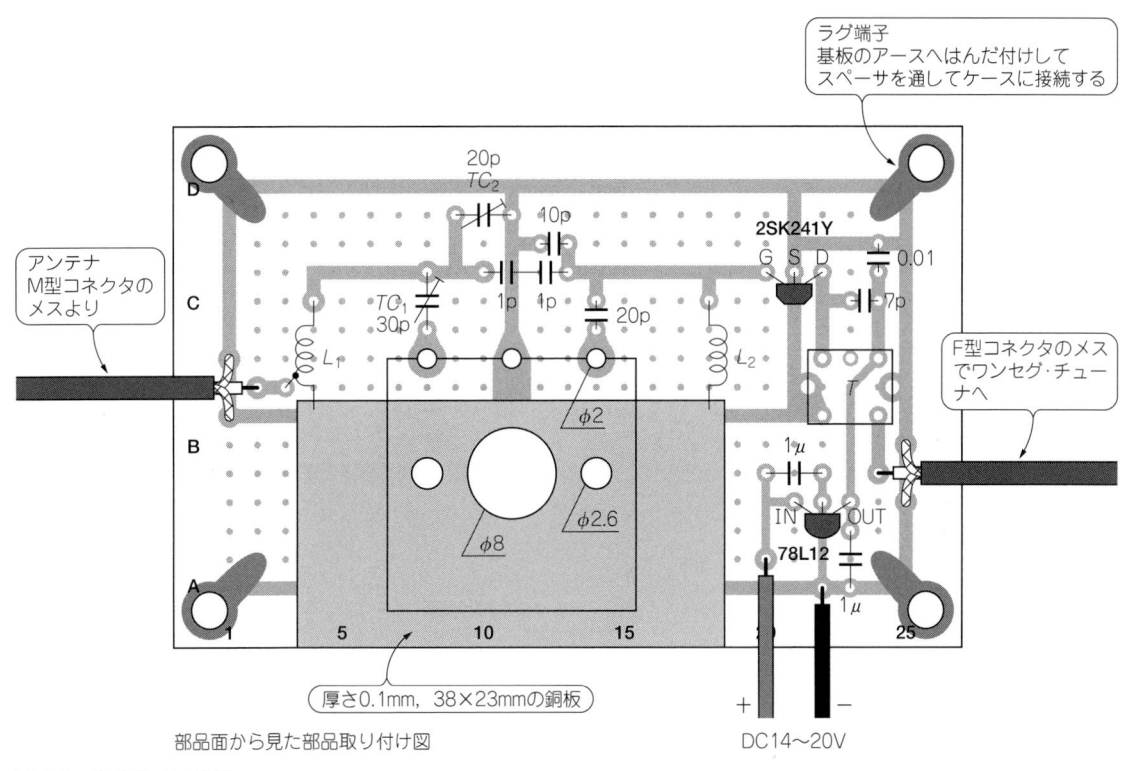

ラグ端子
基板のアースへはんだ付けしてスペーサを通してケースに接続する

アンテナ
M型コネクタのメスより

F型コネクタのメスでワンセグ・チューナへ

20p TC_2
10p
2SK241Y
G S D
0.01
TC_1
30p
1p 4p
20p
7p
L_1
L_2
T
φ2
φ2.6
φ8
1μ
IN OUT
78L12
1μ

厚さ0.1mm，38×23mmの銅板
部品面から見た部品取り付け図
DC14～20V

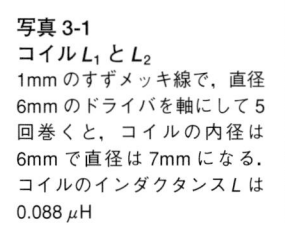

図 3-8 部品取り付け図

● コイルを巻く

　コイル L_1 と L_2 は線径1mmのすずメッキ線を，**図3-7**のように直径6mmのドライバまたはドリルのキリを軸にして5回巻きます．内径が6mmで巻き線の太さが1mmなので，コイルの直径は7mmになります．またコイル L_1 のタップは，コイルを基板に取り付けてから，アース側から1回目にハンダ付けします．**写真3-1**は，ドライバを軸にして巻いたコイルです．

3-3 プリセレクタの製作　77

Column 3-1　ポリ・バリコンを2個にする

2連ポリ・バリコンで2組の共振周波数を合わせようとすると，ポリ・バリコンを回したときにL_1とC_1の共振周波数f_1と，L_2とC_2の共振周波数f_2の共振周波数は，同じように変化する必要があります．このため，**図コラム3-1(a)**のように，直並列に接続したトリマ・コンデンサTC_1とTC_2でトラッキング調整を行い，共振周波数の変化を合わせています．ところがQの大きい

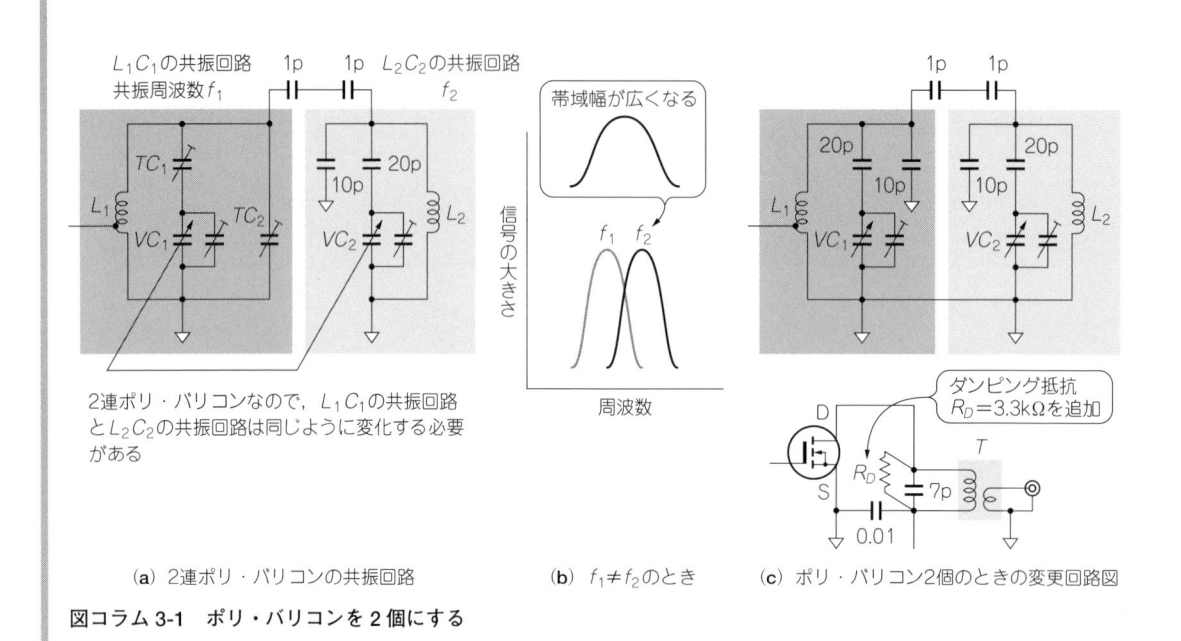

図コラム3-1　ポリ・バリコンを2個にする

(a) 2連ポリ・バリコンの共振回路　　(b) $f_1 \neq f_2$のとき　　(c) ポリ・バリコン2個のときの変更回路図

● 基板を加工する

図3-8は，部品面から見たプリセレクタの部品取り付け図です．Qが大きい回路なので，基板素材による損失を減らすため，**写真3-2(a)**のような紙エポキシのユニバーサル基板で製作します．また，**写真(b)**のように，アース・パターンとして厚さ0.1mmで大きさ38×23mmの銅板を貼り付けました．

ポリ・バリコンを取り付ける穴は，シャフトの穴8mmと取り付けビス用の穴2.6mm，端子の穴2mmの穴を銅板と基板に開けます．なお，ポリ・バリコンはモノによってサイズに違いがあるので，必ず現物で確認してください．

また，コイルTの端子はICピッチになっていないので，**図3-9**のコイルTの取り付け穴のように，1.2mmのキリで基板の穴を大きくしておきます．

回路では，**図コラム 3-1(b)** のように，わずかな共振周波数のズレで帯域幅が広がり，選択度が悪くなります．

そこで，ポリ・バリコンを 2 個にして 2 組の共振回路の共振周波数を別々に調整する，いわゆる手動トラッキングにしました．こうすると，広い周波数に対応できるようになります．これにより，プリセレクタの周波数は 110 ～ 130MHz までが実用域になりました．

図コラム 3-1(c) は，ポリ・バリコン 2 個使用時の変更部分です．**写真コラム 3-1** は，完成したプリセレクタです．

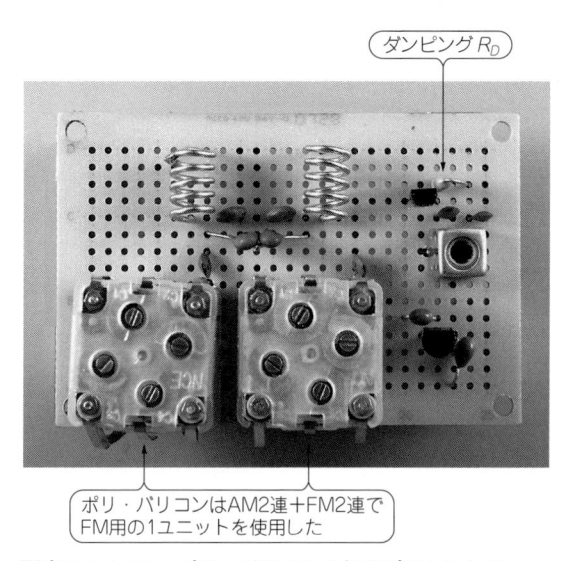

ダンピング R_D

ポリ・バリコンはAM2連＋FM2連でFM用の1ユニットを使用した

写真コラム 3-1　ポリ・バリコン 2 個のプリセレクタ

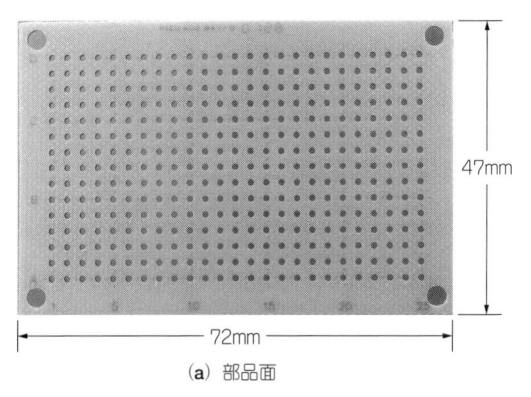

(a) 部品面　　72mm　47mm

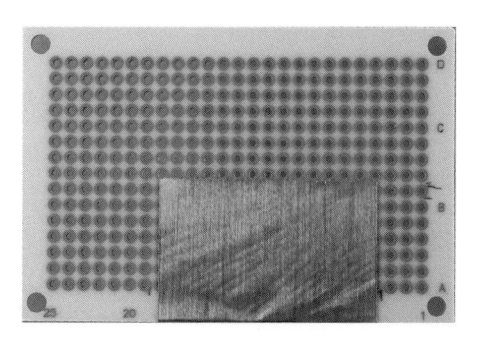

(b) パターン面に厚さ0.1mmの銅板を貼る

写真 3-2　紙エポキシのユニバーサル基板

3-3　プリセレクタの製作　79

図3-9 コイル T の取り付け穴

ICピッチの基板に，1.2mmの穴を7個あけてコイルを取り付ける

モノバンド・コイル 144MHz用 7mm角

モノバンド・コイル（7mm角）の取り付け位置

ドリル穴 φ1.2×7

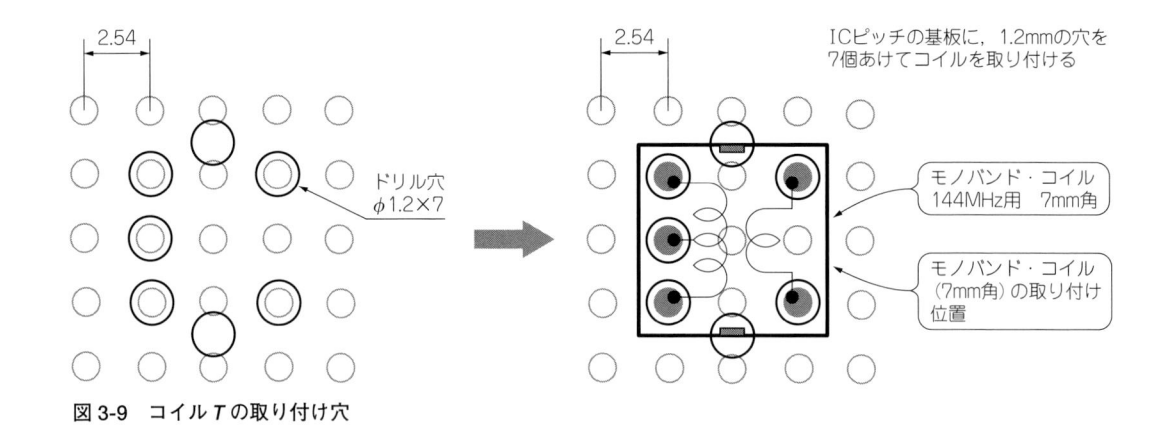

Column 3-2　簡易信号発生器を製作する

　高周波の受信装置を調整するときには，SSG（標準信号発生器）と呼ばれる周波数安定度の高い発振器が必要になります．ここでは，SSGの代わりに，**図コラム 3-2** のような簡易信号発生器を製作して調整します．

　図(a)に示す回路図のような水晶発振回路では，基本波と基本波の数倍の高調波が発生します．たとえば，水晶振動子の基本波が25MHzのとき，第5高調波は125MHzになり，24MHzのときは120MHzになります．この高調波を利用すれば，製作した機器の調整ができます．

　図(b)の部品取り付け図のように，ユニバーサル基板（47×72mm）で製作します．完成した基板は，図(c)の完成写真のように，電源は単4電池2本の3Vで，出力端子はRCAジャックとしました．また出力レベルは，抵抗 R（1kΩ）で調整します．

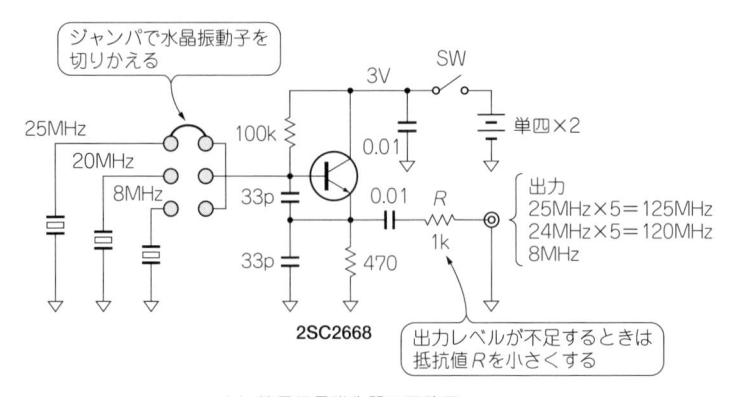

(a) 簡易信号発生器の回路図

図コラム 3-2　簡易信号発生器

▶ ポリ・バリコンを取り付ける

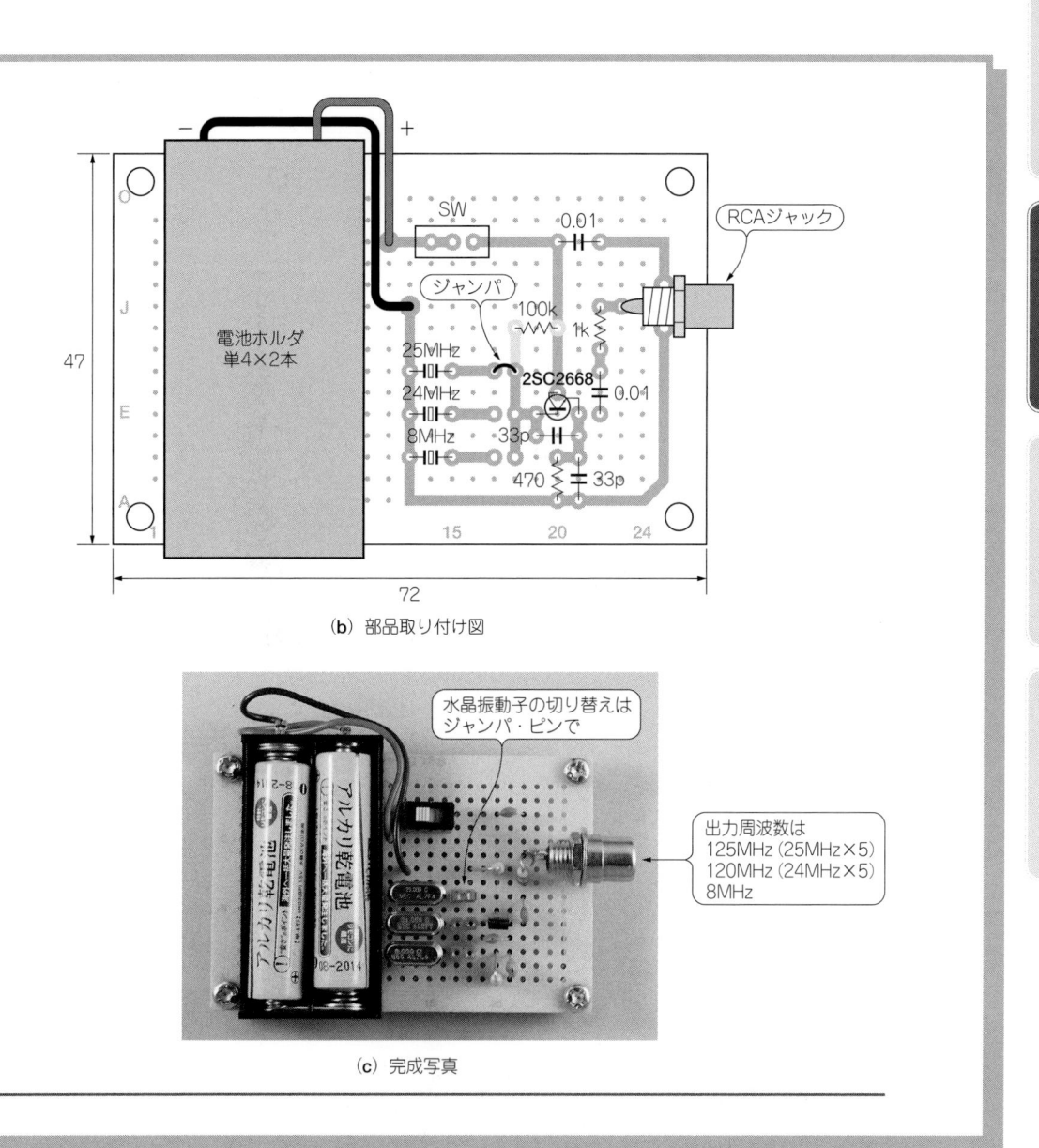

　写真3-3のFM用2連ポリ・バリコンには，調整用のトリマ・コンデンサが並列に接続されています．
　また，ポリ・バリコンのシャフトには延長用シャフトを取り付けて，ツマミで回せるようにします．延長シャフトが手に入らないときには，3mmの中空スペーサで代用します．

(b) 部品取り付け図

(c) 完成写真

3-3　プリセレクタの製作

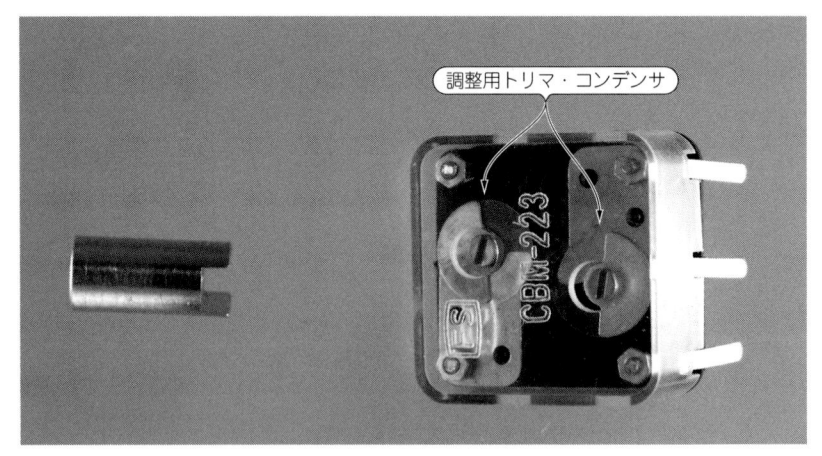

写真3-3 FM用2連ポリ・バリコンと延長用シャフト

写真3-4 部品を取り付けたプリセレクタの基板

▶ コイルを取り付ける

　コイル L_1 と L_2 は，基板とのあいだの浮遊容量を減らすために，基板から1～2mm浮かすようにして基板に取り付けます．つぎに，基板からコンデンサなどのリード線の切れ端で，コイル L_1 の1回目にタップをはんだ付けします．

　出力側のコイル L_3 は，基板に無理に押し込むと壊れやすいので，基板の穴を修正しながら取り付けるようにします．

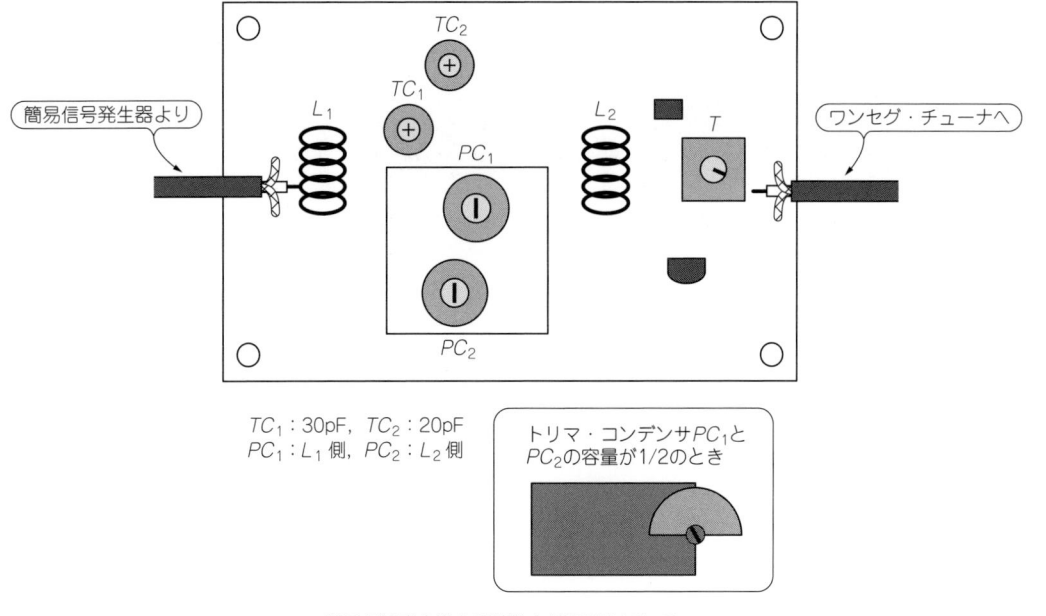

TC_1：30pF，TC_2：20pF
PC_1：L_1 側，PC_2：L_2 側

トリマ・コンデンサPC_1とPC_2の容量が1/2のとき

簡易信号発生器の周波数を125MHzにして
PC_1，PC_2，TC_2，Tを調整
次に120MHzにして，TC_2を調整する

図 3-10　プリセレクタの調整

▶ その他の部品を取り付ける

2SK241（Y），78L12，コンデンサなどを取り付けたら，パターンを広くするためにはんだを盛ります．**写真 3-4** は，部品を取り付けたプリセレクタの回路基板です．

3-4　プリセレクタの調整

ワンセグ・チューナにプリセレクタを繋ぎ，さらに簡易信号発生器を接続します．

▶ 簡易信号発生器の水晶振動子を 25MHz にして，第 5 高調波の 125MHz で調整します．

図 3-10 のように，ポリ・バリコンのトリマ・コンデンサ PC_1 と，PC_2 を 1/2 にしておき，ポリ・バリコンのシャフトを右へ回して 125MHz の信号を受信します．そして，信号が最大になるように，ポリ・バリコンのトリマ・コンデンサ PC_1 と PC_2，そして TC_2 を調整します．

次に，T のコアを回して信号が最大になるようにしてから，コアを 10 ～ 20°左へ回します．コアを少し左に回すことで，T の共振周波数を 122.5MHz に近づけます．

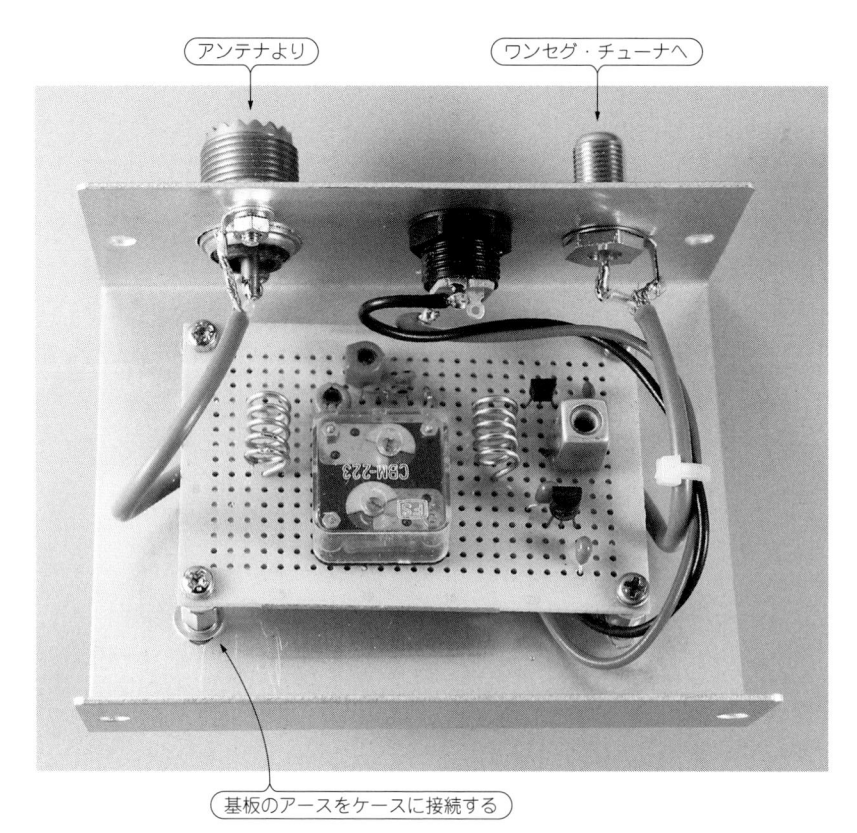

写真上の注釈:
- アンテナより
- ワンセグ・チューナへ
- 基板のアースをケースに接続する

写真 3-5 ケースに入れたプリセレクタ

▶ 簡易信号発生器の水晶振動子を 20MHz にして，第 6 高調波の 120MHz とします．

　ポリ・バリコンのシャフトを回して 120MHz を受信し，TC_1 を調整してして信号が最大になるようにします．

▶ 以上の調整を 2～3 回繰り返して，二つの LC 共振回路の共振周波数を合わせます．

● 完成したプリセレクタ

　写真 3-5 のように，プリセレクタの基板をケース（タカチ TS-1S）に入れます．アンテナとは M 型コネクタのメスで，ワンセグ・チューナとは F 型コネクタのメス→F 型接続ケーブル（または F 型オス-オス変換コネクタ）→ワンセグ・チューナ付属ケーブルで接続します．また，ツマミをポリ・バリコンにネジ止めした延長シャフトに取り付けて，プリセレクタの共振周波数を調整できるようにします．

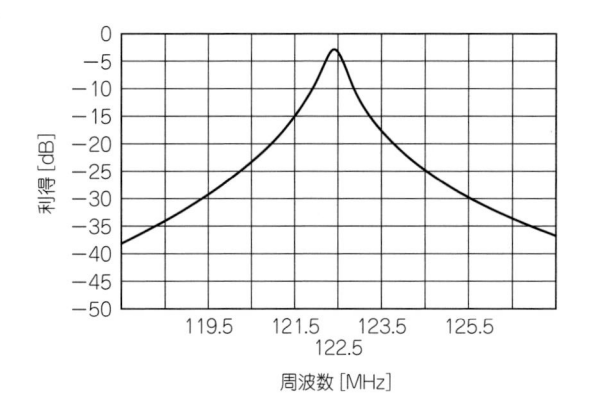

図3-11 プリセレクタの特性

● プリセレクタの特性

図3-11は，共振周波数122.5MHzで測定したプリセレクタの特性です．1MHz離れた123.5MHzで，15dB減衰しています．また，利得は約16dBになりました．

第4章
クリスタル・コンバータの設計/製作

- ▶ 4-1　クリスタル・コンバータとは？
- ▶ 4-2　回路の動作と設計
- ▶ 4-3　クリスタル・コンバータの製作
- ▶ 4-4　クリスタル・コンバータの調整
- ▶ 4-5　完成したクリスタル・コンバータ

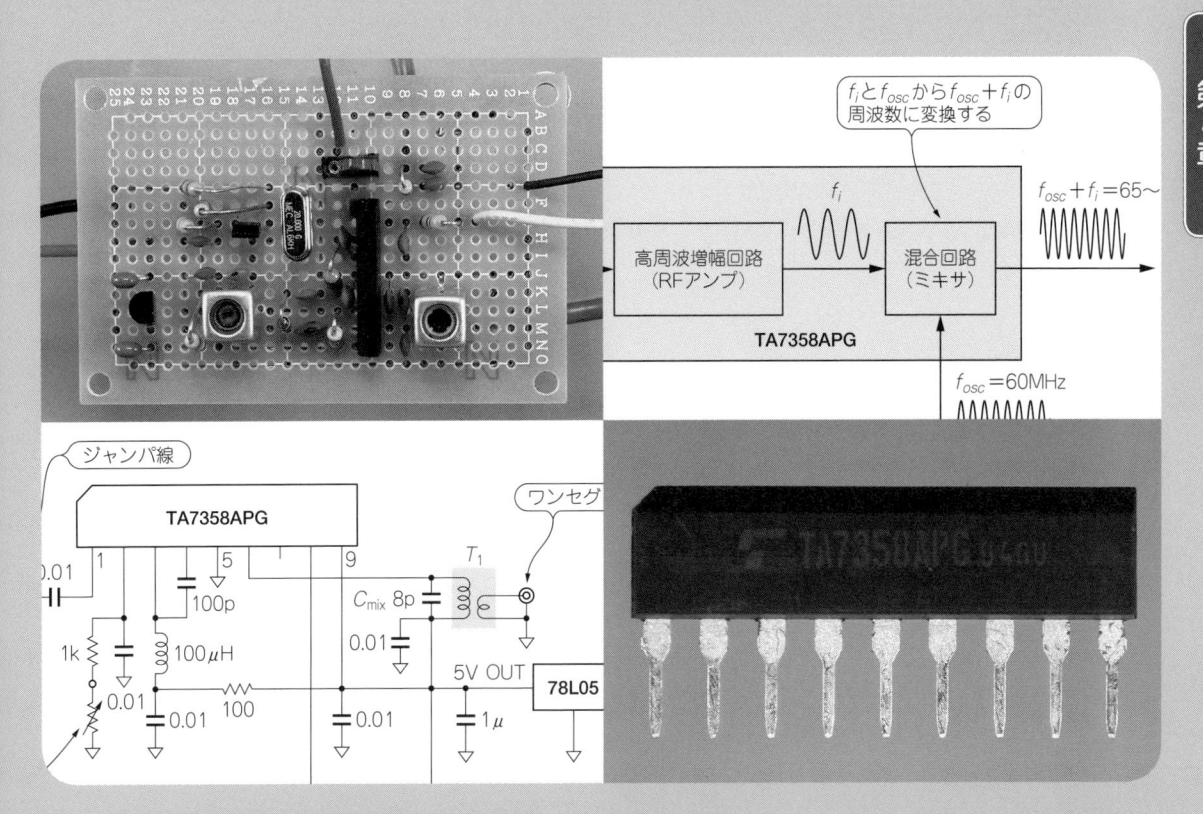

ここで紹介しているワンセグ・チューナで受信できる周波数は，VHF（超短波）帯以上です．VHF帯やUHF帯で受信できるのは，おもにアマチュア無線，FM放送，業務無線になります．一方，VHF帯の下の周波数のHF（短波）帯では，国内外の短波放送を受信することができます．

そこで，短波帯をVHF帯に変換する周波数コンバータを製作して，ワンセグ・チューナで短波放送が受信できるようにしましょう．

4-1 クリスタル・コンバータとは？

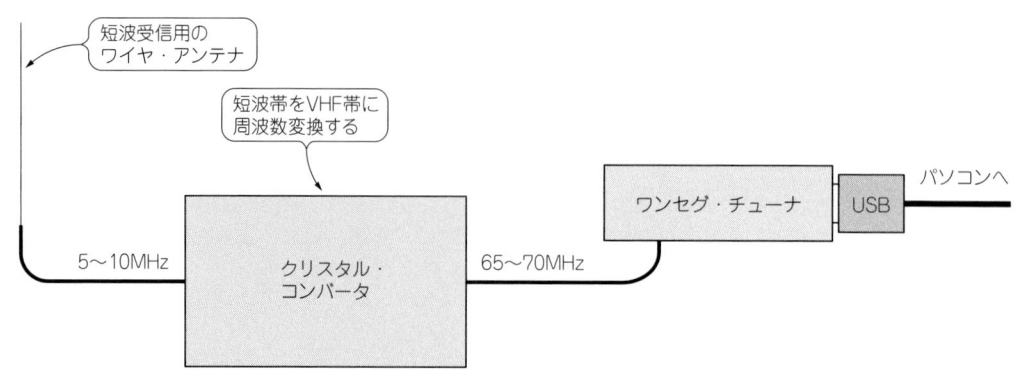

● クリスタル・コンバータで短波帯を受信する

図4-1のように，クリスタル・コンバータはアンテナから入力した短波帯の周波数5〜10MHzの信号を，VHF帯の周波数65〜70MHzの信号に変換します．

つまり，ワンセグ・チューナは，短波帯をVHF帯に周波数変換した信号で受信することになります．変換後の周波数を65〜70MHzに選んだわけは，FM放送の周波数76〜90MHzを避けると，この範囲の周波数は空いているからです．

● クリスタル・コンバータの校正

図4-2は，クリスタル・コンバータのブロック図です．

アンテナから入力した信号は，ローパス・フィルタを通り，高周波増幅回路（RFアンプ）の入力信号になります．このとき，ローパス・フィルタの通過帯域を10MHz以下にしておくことで10MHz以上の信号を減衰させ，短波帯のf_i = 5〜10MHzの信号が通過するようにします．

ローパス・フィルタを通過した周波数f_iの信号は，TA7358AGPの高周波増幅回路で増幅します．

水晶発振回路では，周波数f_{osc} = 60MHzを発振します．実は，この回路の名前は，クリスタルは水晶

図4-1 クリスタル・コンバータで短波帯を受信する

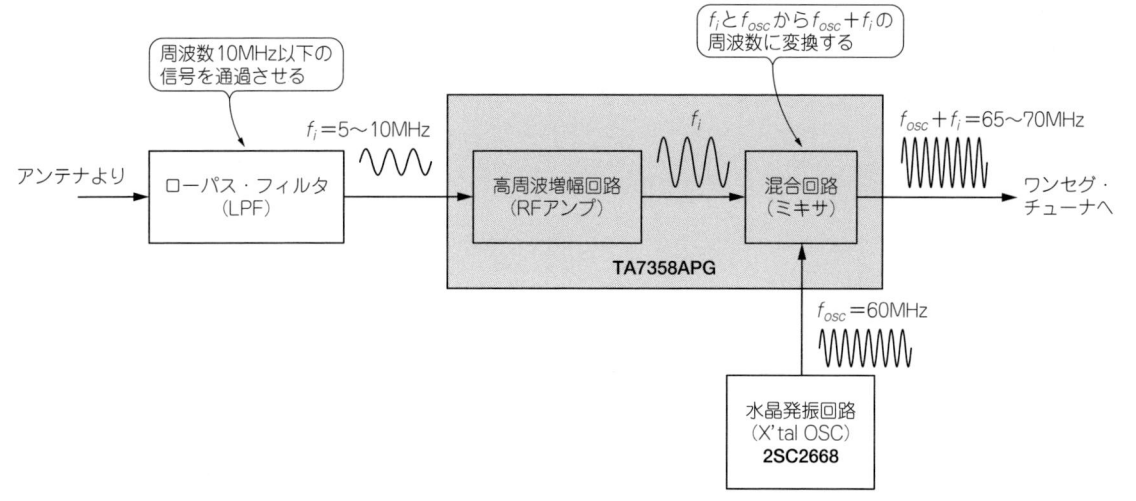

図4-2 クリスタル・コンバータのブロック図

発振回路になっており，目的が周波数を変換(コンバート)することから，クリスタル・コンバータと呼びます．

周波数f_iとf_{osc}の信号は，混合回路(ミキサ)で周波数変換されます．短波帯の周波数f_iの信号と水晶発振回路の周波数f_{osc}の信号を混合回路に入力して，和の周波数の$f_{osc}+f_i$を得ます．つまり，周波数$f_i=5～10$MHzn信号が$f_{osc}+f_i=65～70$MHzの信号に周波数変換されたことになります．

4-2 回路の動作と設計

● TA7358APGの仕様

TA5358APGはFMラジオのフロントエンド用のICで，**図4-3**のような仕様になっています．**図(a)**の内部ブロックのように，おもな校正は高周波増幅回路(RFアンプ)，混合回路(ミキサ)，局部発振回路です．

クリスタル・コンバータには高周波増幅回路と混合回路を用い，局部発振回路は水晶発振回路の入力回路として動作させます．また，**図(b)**に示す電気的特性のように，TA7358APGの動作電圧は1.6～6Vなので，その電圧に合わせるようにクリスタル・コンバータの回路電圧を5Vにしました．

● 高周波増幅回路は広域帯増幅で

図4-4のように，高周波増幅回路の入力回路はローパス・フィルタで，出力回路はマイクロ・インダクタによる交流負荷としています．受信時の操作を簡単にするために広域帯増幅としたので，受信周波数はワンセグ・チューナで選択することになります．

図4-3 TA7358APG の仕様

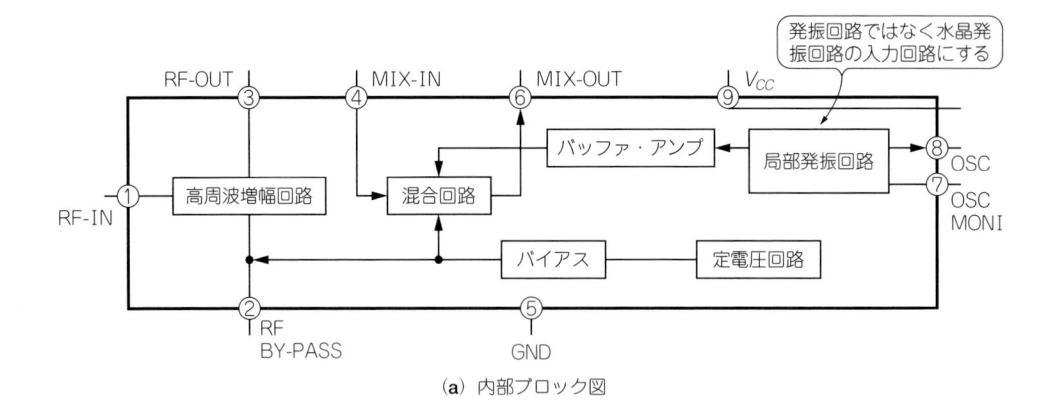

(a) 内部ブロック図

FMフロントエンド用IC

	記号	最小	標準	最大	単位
動作電圧	V_{CC}	1.6		6	V
動作電流	I_{CC}		5.2	8	mA
実用感度	Q_S		11		dBμV
入力抵抗			57		Ω

(b) 電気的特性

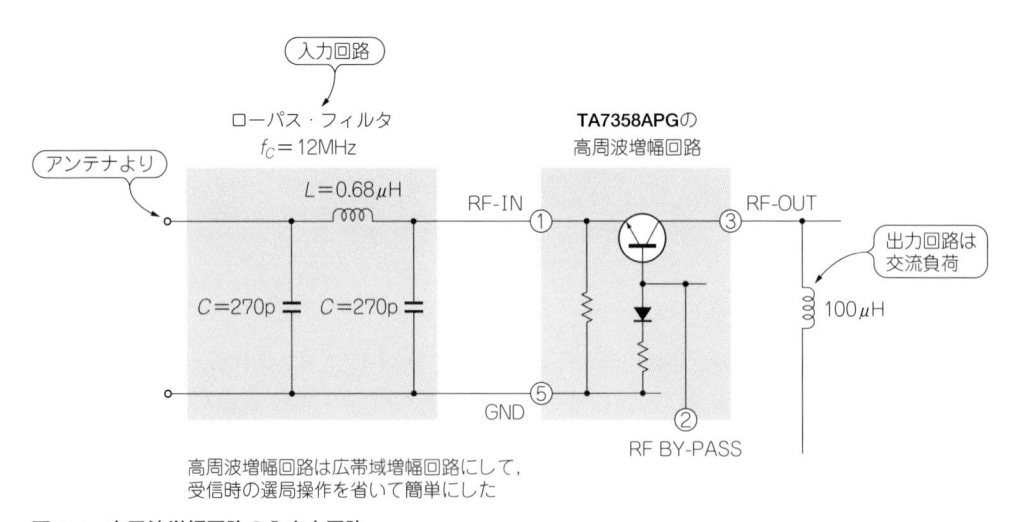

図4-4 高周波増幅回路の入出力回路

高周波増幅回路は広帯域増幅回路にして，受信時の選局操作を省いて簡単にした

▶ 入力回路のローパス・フィルタを設計する

短波帯の受信周波数の上限は10MHzですが，余裕をみてカットオフ周波数f_cを12MHzのローパス・フィルタとします．入出力インピーダンスZは50Ωとして，コイルLとコンデンサCの値を求めてみます．

$$C = \frac{1}{2\pi f_C Z} = \frac{1}{2\pi \times 12 \times 10^6 \times 50} \fallingdotseq 265 \times 10^{-12} \fallingdotseq 265\mathrm{pF}$$

なので，$C = 270\mathrm{pF}$ とします．

$$L = \frac{Z}{2\pi f_C} = \frac{50}{2\pi \times 12 \times 10^6} \fallingdotseq 0.663 \times 10^{-6} \fallingdotseq 0.663\,\mu\mathrm{H}$$

なので，$L = 0.68\,\mu\mathrm{H}$ とします．

▶ 出力回路は交流負荷

高周波増幅回路の出力回路は，交流負荷の $100\,\mu\mathrm{H}$ のマイクロ・インダクタです．コイルのリアクタンスは周波数に比例するので，短波帯受信周波数の下限の 5MHz と上限の 10MHz のリアクタンスを求めておきます．

5MHz のリアクタンスを X_5 とすると，

$$X_5 = 2\pi fL = 2\pi \times 5 \times 10^6 \times 100 \times 10^{-6} \fallingdotseq 3142\,\Omega$$

10MHz のときのリアクタンスを X_{10} とすると，

$$X_{10} = 2\pi fL = 2\pi \times 10 \times 10^6 \times 100 \times 10^{-6} \fallingdotseq 6283\,\Omega$$

交流負荷の値は，約 $3 \sim 6\mathrm{k}\Omega$ になるので，高周波増幅回路の動作には適当な値と言えます．

● 周波数変換はダブル・バランスド・ミキサ

図 4-5(a)のように，混合回路の入力に周波数 f_i と f_{osc} の信号を加えると，出力には f_i，f_{osc} と周波数変換された $f_{osc} + f_i$，$f_{osc} - f_i$ の四つの周波数の信号が発生します．

ところで，TA7358APG の混合回路は，図(b)の DBM（ダブル・バランスド・ミキサ）という回路なので，入力信号である f_i と f_{osc} を抑圧して小さくします．

したがって，図(c)の周波数スペクトルのように，混合回路の出力は周波数 f_i と f_{osc} の信号レベルは小さく，周波数 $f_{osc} + f_i$ と $f_{osc} - f_i$ のレベルは大きくなります．また，混合回路の出力に LC 共振回路を接続して $f_{osc} + f_i$ の信号を取り出すようにします．

● 水晶発振回路はオーバートーン発振回路

図 4-6(a)は，ピアース CB 回路と呼ばれる 60MHz を発振する水晶発振回路です．水晶振動子の基本波の上限は 25MHz 程度なので，基本波で 60MHz を発振させることはできません．そこで，基本波の

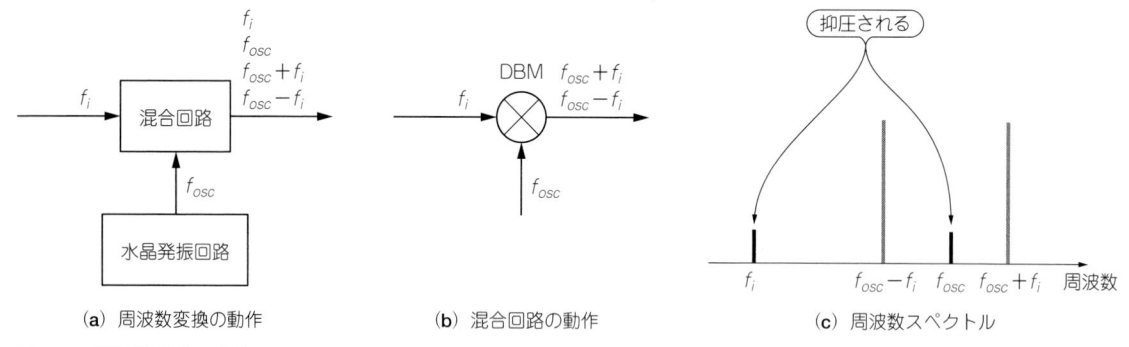

図 4-5 周波数変換の動作
(a) 周波数変換の動作
(b) 混合回路の動作
(c) 周波数スペクトル

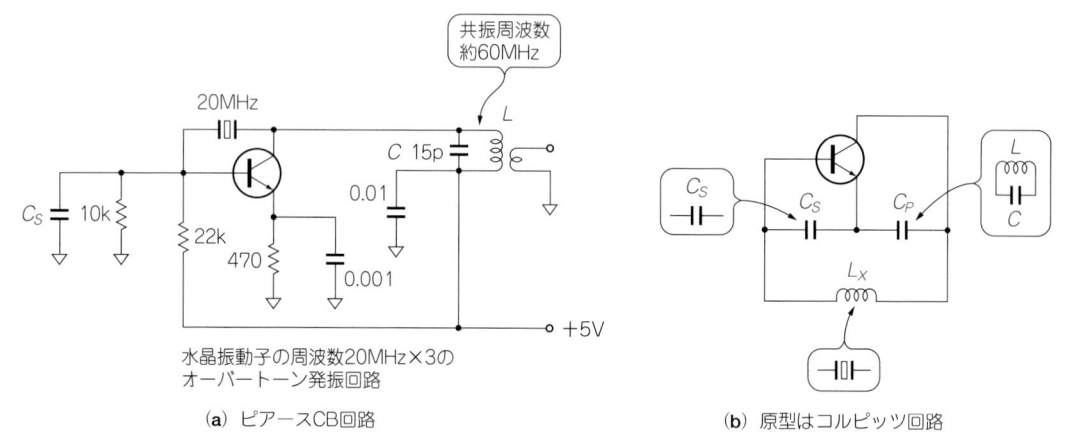

図 4-6 水晶発振回路
(a) ピアースCB回路
水晶振動子の周波数20MHz×3のオーバートーン発振回路
(b) 原型はコルピッツ回路

20MHzの3倍で発振させる，20MHz×3＝60MHzの3倍オーバートーン発振回路にします．

ピアースCB回路の原型は，図(b)のコルピッツ発振回路です．コルピッツ発振回路を構成するベースとエミッタ間に接続されるコンデンサ C_s は，回路図にはありませんが，トランジスタの電極間容量などの浮遊容量を利用しています．コレクタとエミッタ間のコンデンサ C_p は，LC共振回路の共振周波数をずらして動作させると，等価的にコンデンサの働きをします．

また，コレクタとベース間に接続した水晶振動子は，コイル L_x の役目をします．水晶振動子の周波数制度は 10^{-6} 程度で，温度に対する周波数安定度も優れているので，電源電圧や周囲の温度が変化しても発振周波数は安定しています．

● **LC共振回路の周波数を60MHzに**

水晶発振回路に必要な共振周波数60MHzのコイルは市販されていないので，近い周波数の50MHzのモノバンド・コイルとします．共振回路のコンデンサの値を変えて，共振周波数60MHzのLC共振回路を設計します．

Column 4-1　ダブル・バランスド・ミキサの原理

ダブル・バランスド・ミキサによる周波数変換回路は，アナログ信号の乗算回路として動作して，二つの信号の和と差の周波数の信号を作ります．

図コラム 4-1 のように，ダブル・バランスド・ミキサ(DBM)に加える信号を，$v_i = V_i \sin 2\pi f_i t$ と $v_{osc} = V_{osc} \sin 2\pi f_{osc} t$ とします．ここで，乗算回路であるDBMの出力を三角関数の公式から求めてみます（$f_{osc} > f_i$ とする）．

$$V_i \sin 2\pi f_i t \cdot V_{osc} \sin 2\pi f_{osc} t$$
$$= V_i \cdot V_{osc} \cdot \sin 2\pi f_i t \cdot \sin 2\pi f_{osc} t$$
$$= \frac{V_i \cdot V_{osc}}{2}[\cos 2\pi(f_{osc}+f_i)t - \cos 2\pi(f_{osc}-f_i)t]$$

このように，和の周波数成分である $f_{osc}+f_i$ と，差の周波数成分である $f_{osc}-f_i$ が作られます．

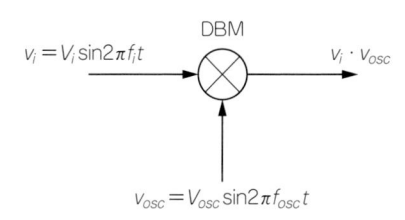

図コラム 4-1　周波数変換と乗算回路

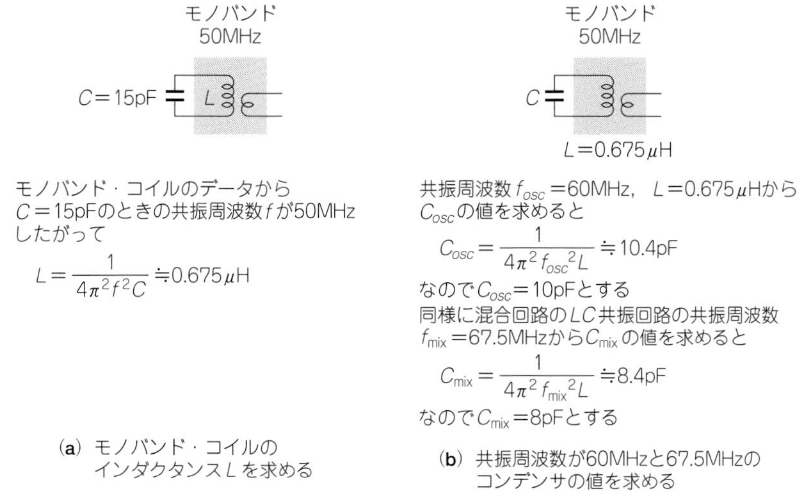

モノバンド 50MHz
$C=15\text{pF}$

モノバンド・コイルのデータから $C=15\text{pF}$ のときの共振周波数 f が50MHz したがって
$$L = \frac{1}{4\pi^2 f^2 C} \fallingdotseq 0.675\mu\text{H}$$

(a) モノバンド・コイルのインダクタンス L を求める

モノバンド 50MHz
$L=0.675\mu\text{H}$

共振周波数 $f_{osc}=60\text{MHz}$，$L=0.675\mu\text{H}$ から C_{osc} の値を求めると
$$C_{osc} = \frac{1}{4\pi^2 f_{osc}^2 L} \fallingdotseq 10.4\text{pF}$$
なので $C_{osc}=10\text{pF}$ とする
同様に混合回路の LC 共振回路の共振周波数 $f_{mix}=67.5\text{MHz}$ から C_{mix} の値を求めると
$$C_{mix} = \frac{1}{4\pi^2 f_{mix}^2 L} \fallingdotseq 8.4\text{pF}$$
なので $C_{mix}=8\text{pF}$ とする

(b) 共振周波数が60MHzと67.5MHzのコンデンサの値を求める

図 4-7　LC 共振回路のコンデンサの値

ここでは，50MHzのモノバンド・コイルのインダクタンス L を求め，L の値から60MHzの LC 共振回路を設計します．

まず，**図 4-7(a)** のように，モノバンド・コイルのデータから50MHzのときの共振コンデンサ C の値は

Column 4-2　共振回路の特性

　LC共振回路を共振周波数からずらした周波数で動作させると，等価的にコイルやコンデンサの働きをします．このとき，コイルとして動作することをL性と言い，コンデンサとして動作することをC性と言います．

　図コラム4-2(a)のLC並列共振回路において，図(b)のように共振周波数f_0のときは，コイルに流れる電流i_Lとコンデンサに流れる電流i_Cの値は等しく，電流の位相差は180°になります．

　共振周波数より低い周波数f_Lになると，図(c)のように$i_L > i_C$になり，合成電流iの位相は電圧vより90°遅れています．つまり，LC共振回路は，等価的にコイルの役目をするL性になります．

　逆に，共振周波数より高い周波数f_Hになると，図(d)のように$i_L < i_C$になり，合成電流iの位相は電圧vより90°進んでいます．つまり，LC共振回路は，等価的にコンデンサの役目をするC性になります．

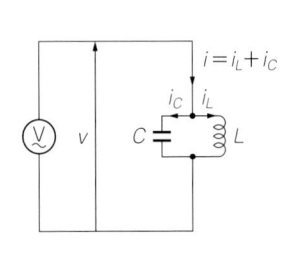

(a) LC並列共振回路

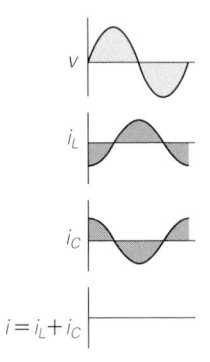

(b) 共振周波数f_0のとき

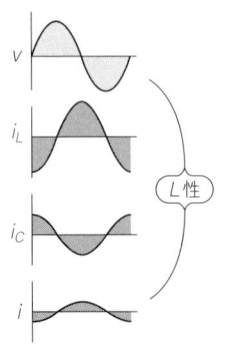

(c) $f < f_0$のとき
　vよりiの位相が90°遅れているのでコイルの役目をする

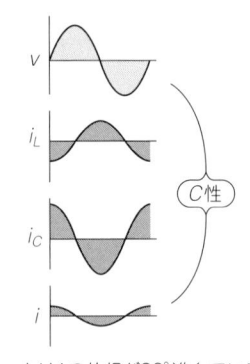

(d) $f > f_0$のとき
　vよりiの位相が90°進んでいるのでコンデンサの役目をする

図コラム4-2　共振回路の特性

15pFなので，モノバンド・コイルのインダクタンスLを求めてみます．

$$f = \frac{1}{2\pi\sqrt{LC}} \text{ より}$$

$$L = \frac{1}{4\pi^2 f^2 C} = \frac{1}{4\pi^2 \times (50\times 10^6)^2 \times 15\times 10^{-12}} \fallingdotseq 0.675\times 10^{-6} = 0.675\,\mu\text{H}$$

共振回路の周波数f_{osc}は60MHzなので，図(**b**)のように求めたコイルのインダクタンスLから同調用コンデンサの値C_{osc}を求めます．

$$C_{osc} = \frac{1}{4\pi^2 f_{osc}^2 L} = \frac{1}{4\pi^2 \times (60\times 10^6)^2 \times 0.675\times 10^{-6}} \fallingdotseq 10.4\times 10^{-12} \fallingdotseq 10.4\text{pF}$$

なので，C_{osc} = 10pFとします．

同様に，混合回路のLC共振回路を設計します．LC共振回路の周波数f_{mix}を67.5MHz(65〜70MHzの中心周波数)として，同調用コンデンサC_{mix}の値を求めます．

$$C_{mix} = \frac{1}{4\pi^2 f_{mix}^2 L} = \frac{1}{4\pi^2 \times (67.5\times 10^6)^2 \times 0.675\times 10^{-6}} \fallingdotseq 8.36\times 10^{-12} \fallingdotseq 8.4\text{pF}$$

なので，C_{mix} = 8pFとします．

4-3 クリスタル・コンバータの製作

図4-8が製作するクリスタル・コンバータの回路図です．**表4-1**は，製作に必要な部品表です．

アンテナ入力は，2系統になっており，M型コネクタまたはアンテナ端子をジャンパ線で切り換えています．BNC型コネクタの系統はローパス・フィルタを通過してきますが，ロング・ワイヤ・アンテナにつながるアンテナ端子の系統はフィルタを通りません．

また，ピン2に接続した可変抵抗器VRでバイアス電圧を変えて，高周波増幅回路の利得調整をしています．なお，VRを取り外しておくと，TA7358APGの電力利得は最大になります．

● ユニバーサル基板を選ぶ

クリスタル・コンバータで扱う周波数は70MHz以下のVHF帯なので，紙フェノール基板(ベーク基板)のICB-88(サンハヤト：47×72mm)としました．ICピッチのユニバーサル基板で製作します．

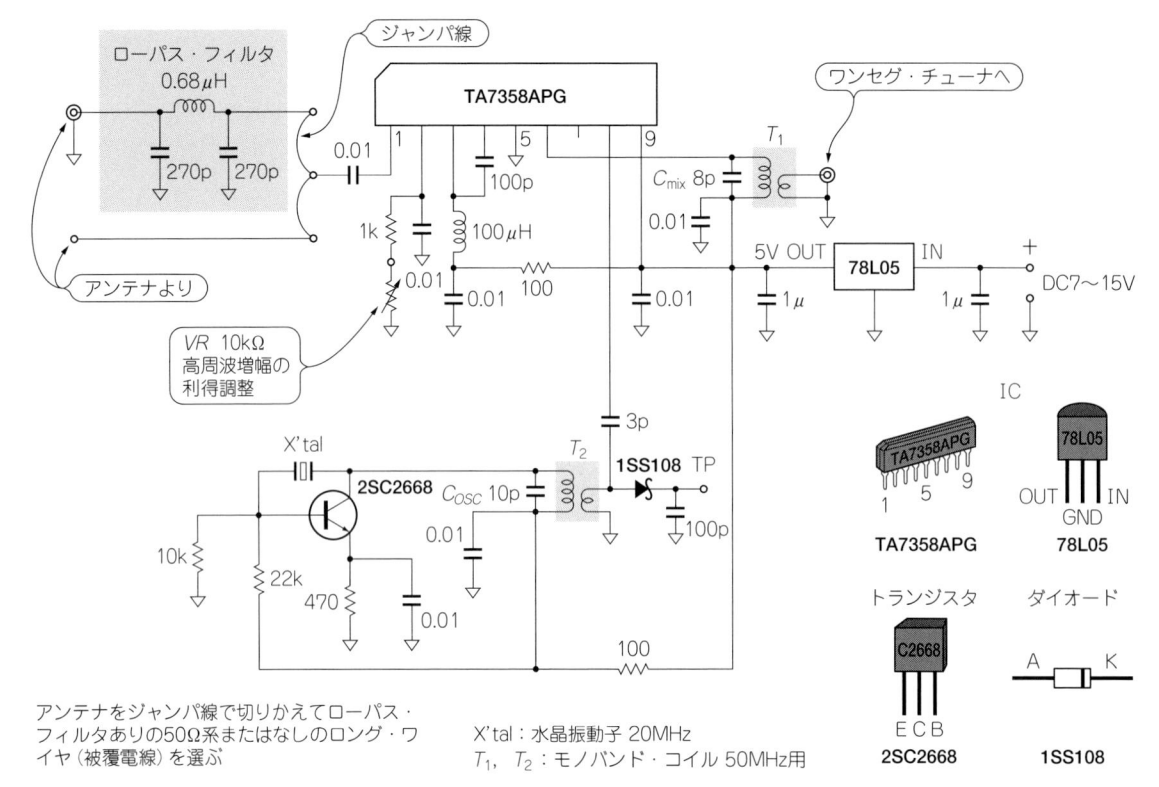

図 4-8 クリスタル・コンバータの回路図

● 高周波増幅 / 混合回路の TA7358APG

写真 4-1 は TA7358APG で，形状は 9 ピンの SIP(Single In-line Package)です．FM 用の IC ですが，短波帯の動作も可能です．

● コイル T_1 と T_2

混合回路の出力段のコイル T_1 と水晶発振回路のコイル T_2 は，**写真 4-2** のような 50MHz 用のモノバンド・コイル(AMZ シリーズ)としました．

コイルは**図 4-9(a)**の形状で，ピン間隔は IC ピッチになっていません．そこで**図(b)**のように，ドリルで 1.2mm の穴を開けてユニバーサル基板を加工します．

ピンの穴 5 個とシールド・ケースを取り付ける穴 2 個の計 7 個になりますが，ピンの穴は IC ピッチになっている基板の穴を大きくし，シールド・ケースの取り付け穴は，IC ピッチの穴の間に開けます．

● 水晶振動子

写真 4-3 は周波数が 20MHz の水晶振動子で，型式は HC49S というタイプです．20MHz は標準周波数なので，容易に入手できます．

表 4-1　クリスタル・コンバータの部品表

品　名	形式・仕様	数量	購入先・備考
IC	TA7358APG（東芝）	1	①②・TA7358APでも可
	78L05	1	①②③
トランジスタ	2SC2668（東芝）	1	①②・2SC2786などの$f_T>500$MHzの小信号用トランジスタでも可
ダイオード	1SS108（日立）	1	①③・小信号ショットキー，またはゲルマニウム・ダイオードでも可
固定抵抗	100Ω　1/4W	2	
	470Ω	1	
	1kΩ	1	
	10kΩ	1	
	22kΩ	1	
セラミック・コンデンサ	3pF	1	
	8pF	1	
	10pF	1	
	100pF	2	
	270pF	2	
	0.01μF	6	
積層セラミック・コンデンサ	1μF	2	
マイクロ・インダクタ	0.68μH	1	①②③
コイル T_1, T_2	モノバンド・コイル　50MHz用7mm角	2	①②
水晶振動子	20MHz	1	①③
可変抵抗器	10kΩ	1	
ユニバーサル基板	ICB-88（サンハヤト）	1	47×72mm程度の穴あき基板
BNC型コネクタ・メス		1	M型コネクタのメスでも可
F型コネクタ・メス		1	ワンセグ・チューナとの接続用
アンテナ用ターミナル		1	ロング・ワイヤ・アンテナのコネクタ
DCジャック		1	
同軸ケーブル	1.5D-2Vまたは1.7C-2V	30cm	
ケース	タカチMB-2	1	サイズW70×D50×H40
その他	アンテナ・配線用ビニル被覆電線，基板取り付け用ビス・ナット・スペーサ，電源用アダプタなど		

主な購入先　①サトー電気，②千石電商，③秋月電子通商

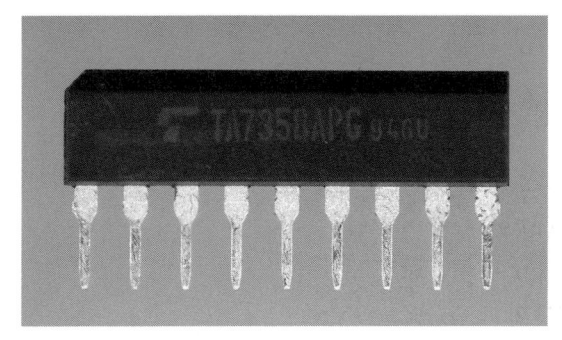

写真 4-1　TA7358APG

写真 4-2　モノバンド・コイル

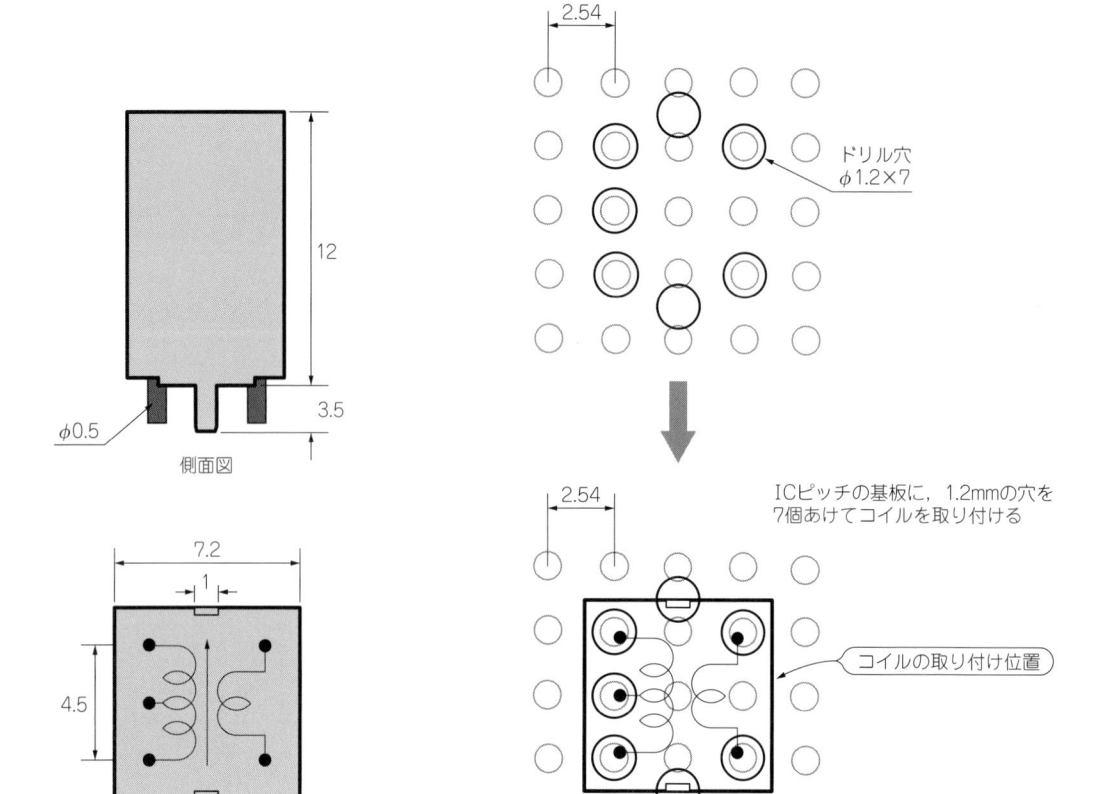

(a) モノバンド・コイル（7.2mm角）の形状図　　(b) ユニバーサル基板の加工

図 4-9　コイルの取り付け

● 基板に取り付ける

図 4-10 の部品取り付け図のように，部品をユニバーサル基板 ICB-88 にはんだ付けします．アース・パターンの面積を広くとるように，パターン間をコンデンサなどのリード線の余りで接続し，さらにはんだを盛ります．部品の取り付けが済んだら，基板に同軸ケーブルと電源用の被覆電線をはんだ付けします．

写真 4-4 は，完成したクリスタル・コンバータの回路基板です．

4-4　クリスタル・コンバータの調整

● 水晶発振回路の調整

水晶発振回路のコイル T_2 のコアの位置を調整して，最適な発振状態にします．なお，調整は非金属性

写真 4-3　水晶振動子

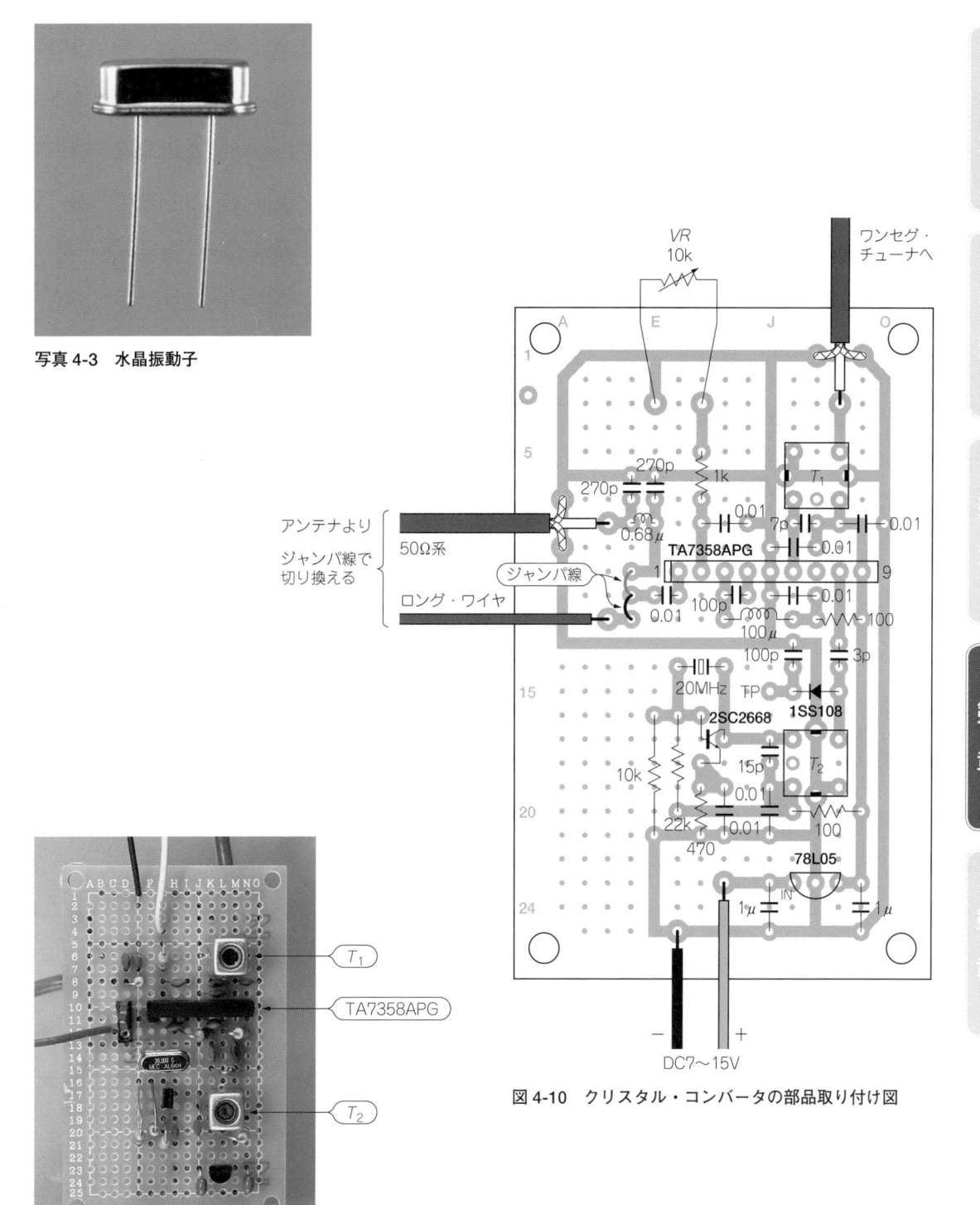

写真 4-4　完成したクリスタル・コンバータの基板

図 4-10　クリスタル・コンバータの部品取り付け図

4-4　クリスタル・コンバータの調整

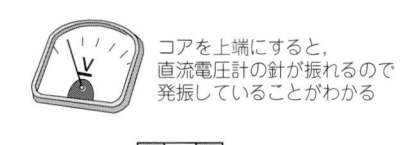

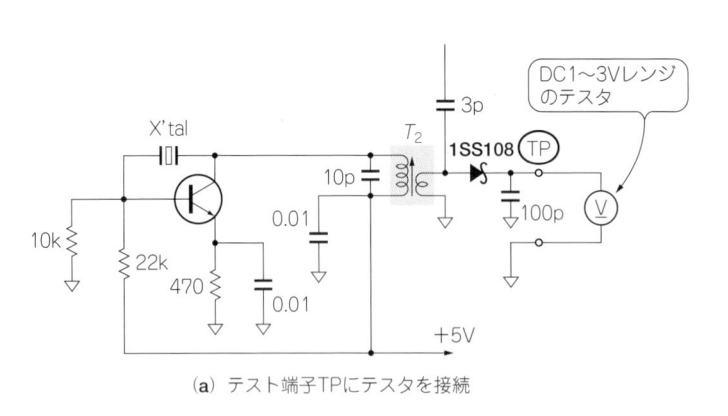

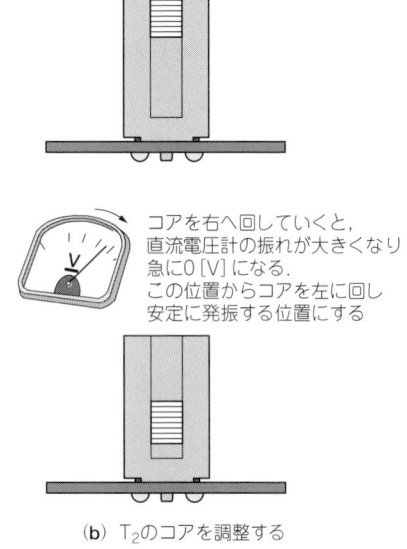

図 4-11 水晶発振回路の調整

（a）テスト端子TPにテスタを接続

コアを上端にすると，直流電圧計の針が振れるので発振していることがわかる

コアを右へ回していくと，直流電圧計の振れが大きくなり急に0 [V] になる．この位置からコアを左に回し安定に発振する位置にする

（b）T_2のコアを調整する

の調整用ドライバで，またコイルのコアは壊れやすいので慎重に回すようにします．

- テスタを直流電圧計1～3Vレンジにして，図4-11(a)のようにテスト端子とアース間に接続します．水晶発振回路が発振すると，TP端子に高周波電圧を検波/平滑した直流電圧が出ます．
- T_2のコアを上端にすると，図(b)のように直流電圧計が振れるので，水晶発振回路が動作していることを確かめることができます．
- さらにT_2のコアを右に回して下へ入れていくと直流電圧が大きくなり，そして急に発振が停止して0Vになります．
- 発振が停止したコアの位置から0.5～1回転左に戻し，発振出力が大きく安定したポイントにします．

● 混合回路の調整

混合回路の出力側のコイルT_1を調整して，共振周波数を調整します．

- HDSDRのソフトを立ち上げ，ワンセグ・チューナの受信周波数を68MHz付近にしてクリスタル・コンバータを接続します．
- 簡易信号発生器から8MHzの電波を発射して，パソコン画面で信号を確認します．
- T_1のコアを回して信号が最大になるように調整します．このとき，共振点は68MHzに調整されるので，中心周波数の67.5MHzより少し高めになります．

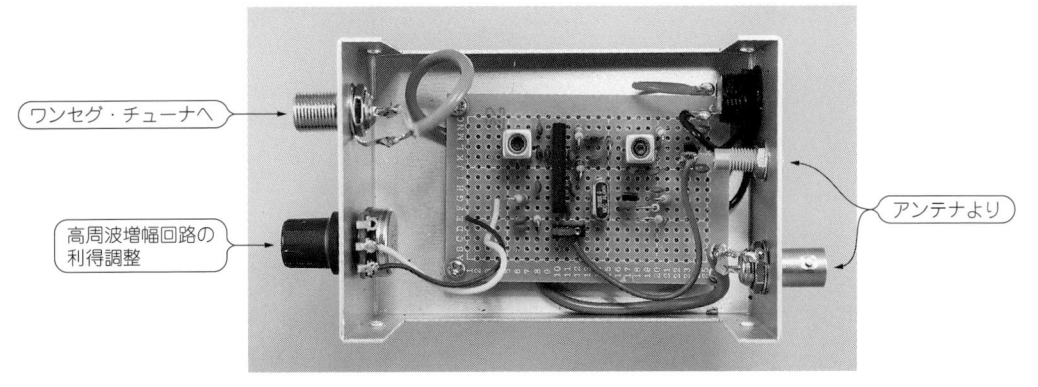

写真 4-5　ケースに収めたクリスタル・コンバータ

（ワンセグ・チューナへ）
（高周波増幅回路の利得調整）
（アンテナより）

● クリスタル・コンバータの特性

　高周波増幅回路と混合回路には利得があるので，変換利得が生じます．変換利得は，帯域の中心の7.5MHzで25dBもあります．このため受信周波数を5～10MHzで設計しましたが，実際には中波帯から13MHzあたりまで受信できます．ローカルの中波放送がクリスタル・コンバータで変換され，ワンセグ・チューナの61MHz付近で受信できます．

4-5　完成したクリスタル・コンバータ

　完成したクリスタル・コンバータは，写真4-5のようにアルミ・ケース(タカチMB-2)に収めました．クリスタル・コンバータとワンセグ・チューナを接続するときは，途中にF型オス／オス・アダプタを入れます．また，ワンセグ・チューナとパソコンはUSB延長ケーブルで接続します．
　アンテナ端子に長さ数mのビニル被覆電線を接続して受信すると，昼間は国内の短波放送が，夜になると海外の短波放送が良く受信できます．

◆ 引用文献 ◆

(1) TA7358APGデータシート，(株)東芝

第5章

受信アンテナの設計・製作

- ▶5-1　電波とは
- ▶5-2　ダイポール・アンテナの製作
- ▶5-3　ディスコーン・アンテナの製作

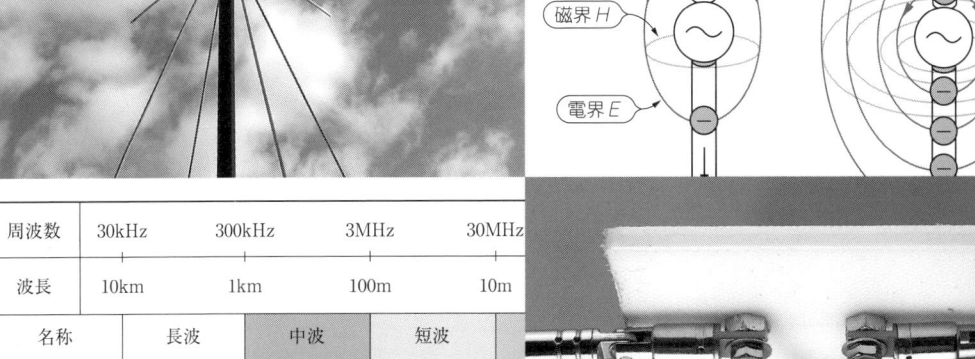

周波数	30kHz	300kHz	3MHz	30MHz	
波長	10km	1km	100m	10m	
名称	長波	中波	短波		
電波法上の記号	LF	MF	HF		
主な用途	標準電波 船舶無線電信	ラジオ放送 無線航法	船舶通信 短波放送 アマチュア無線	アマ	

5-1 電波とは

● 電波の発生

図5-1(a)のように，導体に高周波電流を流すと導体内を電荷が移動して磁界と電界が発生します．つぎに，電荷が図(b)のように移動すると電界は最大になり，そのあと電荷の移動方向は反対になります．つまり，導体内を電荷が移動することで電界と磁界が発生して，電波の発生につながります．

このとき，導体から電波が発射されるので送信用アンテナということになりますが，電波の送信と受信には可逆性があるので，送信用アンテナと受信用アンテナを同一にすることができます．

● 垂直偏波と水平偏波

アンテナから発射された電波は，図5-2のように電界と磁界の相互作用で空間を伝わっていきます．アンテナを，図(a)のように大地と垂直になるのようにすると，電界の方向は大地と垂直になるので，このような電波を垂直偏波といいます．また，図(b)のように，アンテナを大地と水平にすると電界の方向は水平になるので，水平偏波といいます．

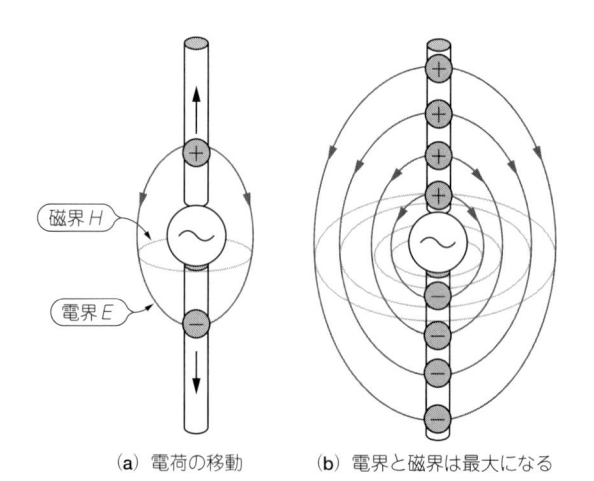

(a) 電荷の移動　　(b) 電界と磁界は最大になる

導体に高周波電流を流すと電界と磁界が発生して空間へ電波が発射される．

図5-1　電波の発生

(a) 垂直偏波

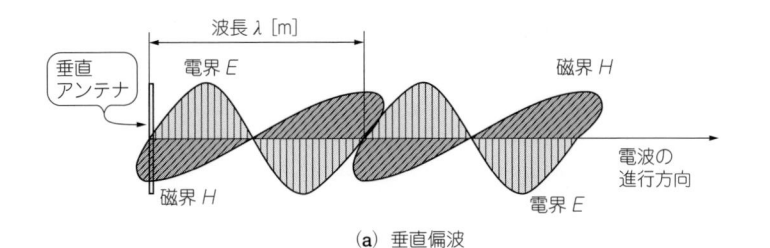

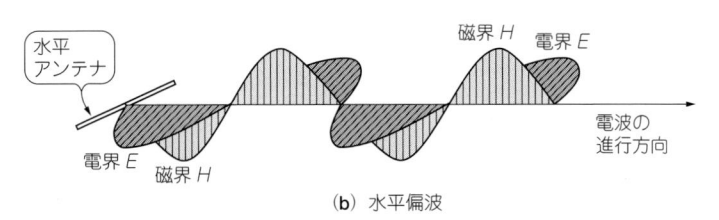

(b) 水平偏波

図 5-2　垂直偏波と水平偏波

表 5-1　電波の分類と名称

周波数	30kHz	300kHz	3MHz	30MHz	300MHz	3GHz
波長	10km	1km	100m	10m	1m	10cm
名称 電波法上の記号	長波 LF	中波 MF	短波 HF	超短波 VHF	極超短波 UHF	
主な用途	標準電波 船舶無線電信	ラジオ放送 無線航法	船舶通信 短波放送 アマチュア無線	FM放送 航空無線 アマチュア無線	携帯電話 テレビ放送 業務無線 アマチュア無線	

● 電波の波長

電波が空間を伝わる速度は光の速度と同じで，$c = 3 \times 10^8 \mathrm{m/s}$ です．また，周波数 $f\,[\mathrm{Hz}]$ は，高周波信号の1秒間の振動数なので，波長を $\lambda\,[\mathrm{m}]$ とすれば，次のような式になります．

$$\lambda = \frac{c}{f} = \frac{3 \times 10^8}{f}$$

また，電波は周波数によって，表5-1のように分類され，中波(MF)や短波(HF)などの名称で呼ばれています．

5-1　電波とは

5-2 ダイポール・アンテナの製作

● 半波長ダイポール・アンテナとは？

図5-3(a)は，半波長ダイポール・アンテナまたは半波長ダブレット・アンテナと呼ばれる基本的なアンテナの構造です．アンテナの長さが波長λの半波長(λ/2)になっていることから，このように呼ばれています．半波長ダイポール・アンテナを等価回路で表すと，図(b)のようにRLCの直列共振回路になり，アンテナのインピーダンスは約75Ωです．また，アンテナの指向性は，図(c)のようにアンテナのエレメントと直角方向で最大になります．

● 半波長ダイポール・アンテナの受信周波数

図5-4が，製作する半波長ダイポール・アンテナのエレメントです．長さの調整できるロッド・アンテナをエレメントにすると，広い周波数の受信アンテナになります．使用したロッド・アンテナの長さは61.5〜21cmで，エレメントの間隔を2cmにすると，エレメントの両端の長さは125〜44cmになります．このエレメントの長さが1/2波長なので，波長λは2.5〜0.88mになります．

ここで，図(a)のロッド・アンテナの長さが61.5cmのときの周波数f_Lを求めてみます．

$$f_L = \frac{c}{\lambda} = \frac{3 \times 10^8}{2.5} \fallingdotseq 120 \times 10^6 = 120\mathrm{MHz}$$

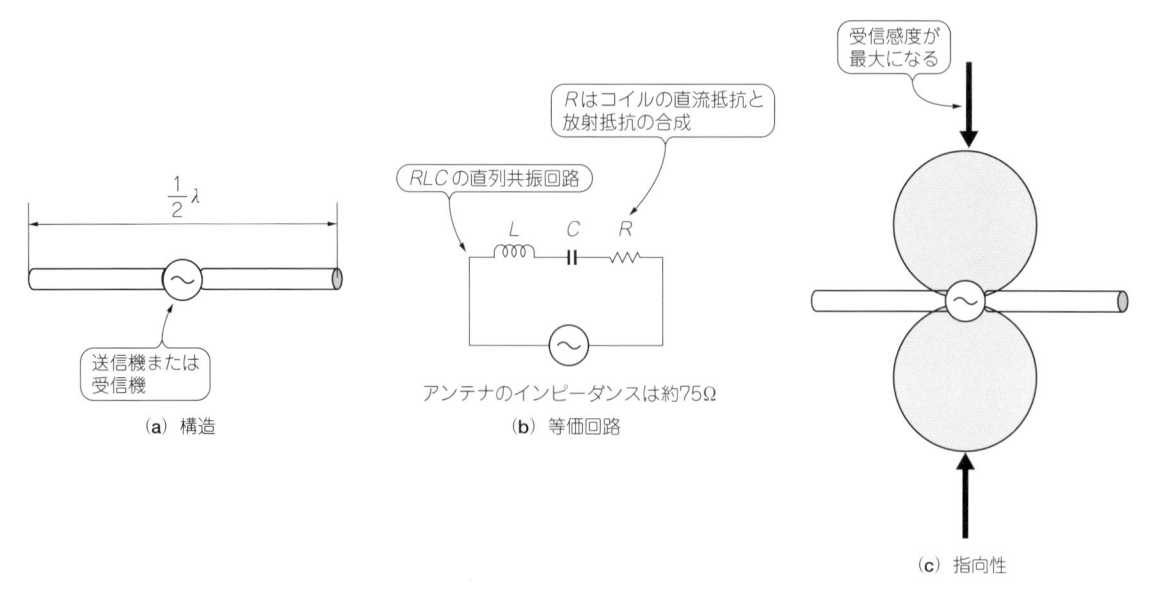

(a) 構造

(b) 等価回路
アンテナのインピーダンスは約75Ω

(c) 指向性

図5-3 半波長ダイポール・アンテナ

同様にして，図(b)の長さが 21cm のときの周波数 f_H を求めてみます．

$$f_H = \frac{3 \times 10^8}{0.88} \fallingdotseq 341 \times 10^6 = 341 \text{MHz}$$

ロッド・アンテナの長さを調整して，120MHz ～ 341MHz のアンテナにします．

● 製作

図 5-5 が半波長ダイポール・アンテナの製作図で，ほとんどの材料は電子部品店やホームセンタでそろ

(a) ロッド・アンテナが61.5cmのとき

$\frac{1}{2}\lambda = 125$cmになるので，
$\lambda = 250$cm = 2.5mより
$f = 120$MHz

(b) ロッド・アンテナが21cmのとき

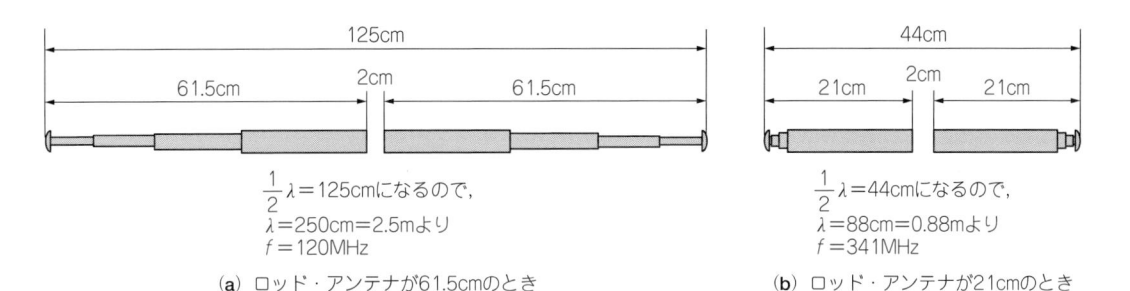

$\frac{1}{2}\lambda = 44$cmになるので，
$\lambda = 88$cm = 0.88mより
$f = 341$MHz

図 5-4 半波長ダイポール・アンテナの受信周波数

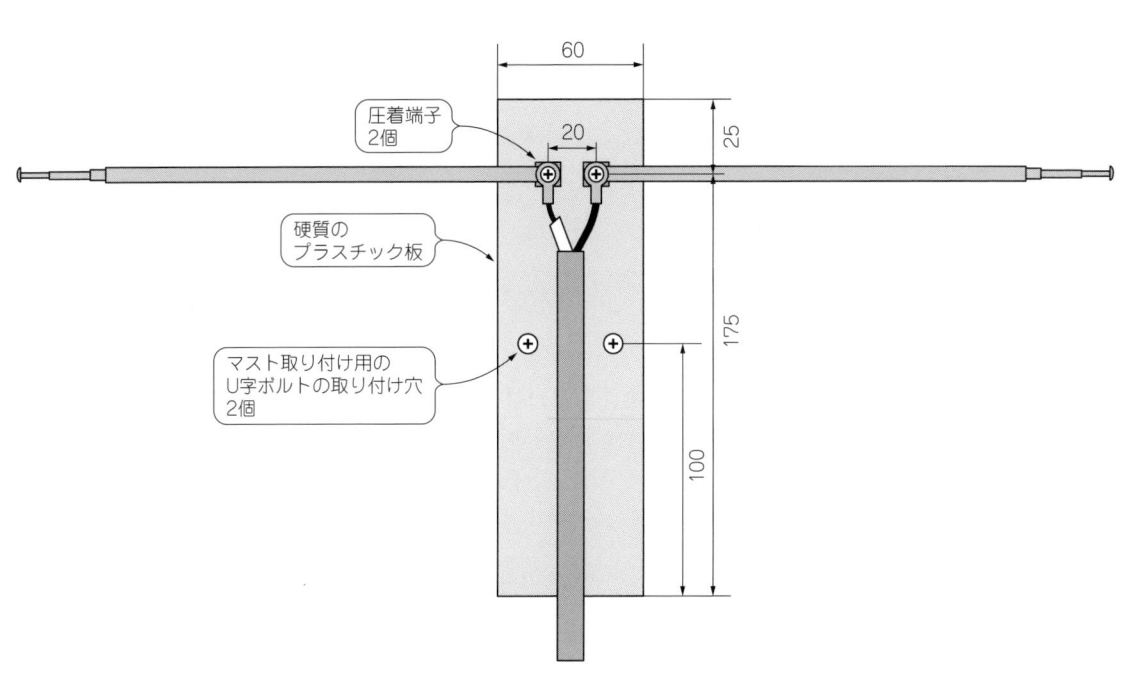

図 5-5 半波長ダイポール・アンテナの製作図

5-2 ダイポール・アンテナの製作　107

(a) 外皮にキズを付ける　　(b) 外皮を取る　　(c) 端子を取り付ける

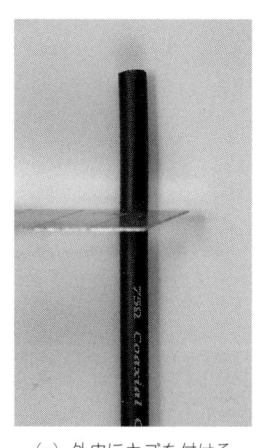

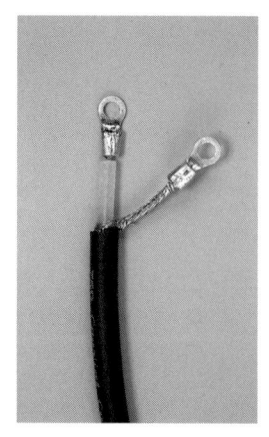

写真 5-1　同軸ケーブルの加工

います．それでは，半波長ダイポール・アンテナを製作してみましょう．

▶ エレメントを取り付ける基板

　アンテナのエレメントを取り付ける基台用に，100円ショップで購入した硬質プラスチックのまな板から60×200mmの板を切り出しました．そして，3.2mmのドリルでロッド・アンテナを取り付ける穴2ヶ所と，5～6mmのドリルでU字ボルトの穴2ヶ所をあけます．

▶ 同軸ケーブルの加工

　半波長ダイポール・アンテナの同軸ケーブルはインピーダンスは75Ωの3C-2Vとしましたが，受信用アンテナなので50Ω系の3D-2Vなどでも使えます．
　同軸ケーブルは，**写真 5-1**(a)のようにカッターナイフで同軸ケーブルの外皮にキズを付け，**写真**(b)のように絶縁皮膜を取ります．次に，同軸ケーブルの芯線の誘電体にキズを付けて芯線を出し，**写真**(c)のように同軸ケーブルに圧着端子を圧着工具やペンチで取り付けてから，はんだを圧着端子のすき間に流し込みます．

▶ アンテナ・エレメントと同軸ケーブルを基台に取り付ける

　写真 5-2のように，3mmのワッシャをはさんだボルトを基台に通し，4mmのナットをはさんでロッド・アンテナを止めます．使用したロッド・アンテナは3mmのネジが切ってあったので，そのままネジ止めできました．次に，エレメントに圧着端子をネジ止めしてから同軸ケーブルを固定し，マストにアンテナを取り付けるためのU字ボルトを通します．

● 完成した半波長ダイポール・アンテナ

　写真 5-3は完成した半波長ダイポール・アンテナで，受信するときには室内のカーテン・レールにぶら

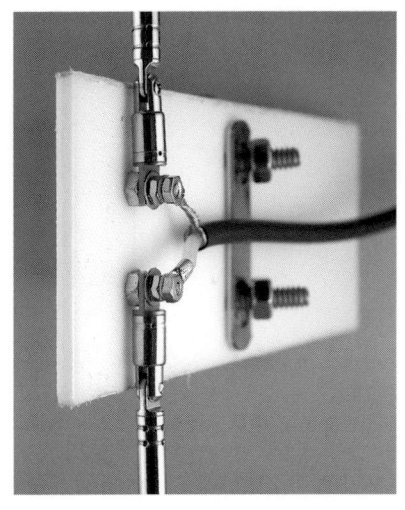

写真 5-2　ロッド・アンテナを取り付ける

写真 5-3　完成したダイポール・アンテナ

写真 5-4　V 型アンテナ

写真 5-5　L 型アンテナ

下げたりマストに取り付けます．
　半波長ダイポール・アンテナのエレメントを受信する電波の方向と直角にすると，感度が最大になります．また，**写真 5-4** のようにエレメントの角度を変えて V 型アンテナにしておくと，場所を取らないので部屋の中に置くこともできます．
　さらに角度を調整して，**写真 5-5** のような L 型アンテナにすることもできます．L 型アンテナは，垂直エレメントに同軸ケーブルの芯線を，水平エレメントに同軸ケーブルの外皮を接続しますが，エレメント同士の角度や方向を変えて試してみてください．

5-2　ダイポール・アンテナの製作

5-3　ディスコーン・アンテナの製作

● ディスコーン・アンテナとは？

図 5-6(a)は，ディスコーン・アンテナと呼ばれる広い周波数帯域で使用できるアンテナの構造です．上の部分がディスクで，下の部分がコーンの形になっていることから，ディスコーン・アンテナと呼ばれています．

垂直偏波のアンテナで，インピーダンスは 50Ω になります．また，指向性は**図**(b)のように無指向性になので広帯域受信用アンテナとして最適といえますが，アンテナの利得は期待できません．

● ディスコーン・アンテナの最低受信周波数

最低使用周波数の波長 λ に対して，ディスクの直径を λ/4（0.25λ）で円錐角を 30°にするのが一般的です．受信するだけなら，ディスクを 0.15λ 以上で円錐の長さを 0.28λ 以上とすることもできます．

ここで，最低使用周波数 f_L を 115MHz として，ディスクの直径 D を求めてみます．

$$\lambda = \frac{c}{f} = \frac{3 \times 10^8}{115 \times 10^6} \fallingdotseq 2.6\text{m}$$

$$D = 0.25\lambda = 0.65\text{m}$$

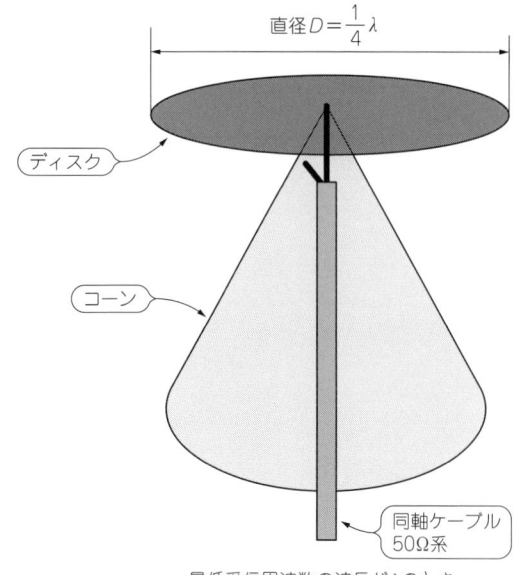

(a) 構造

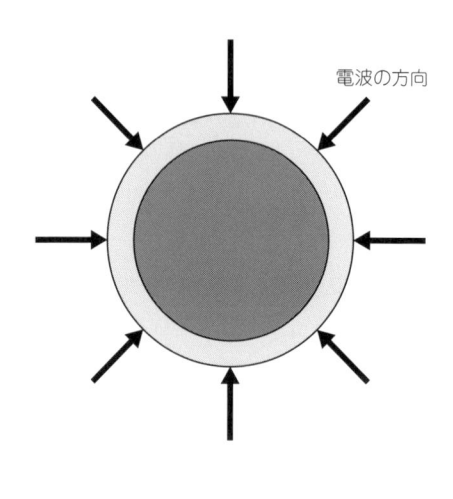

(b) 指向性

図 5-6　ディスコーン・アンテナ

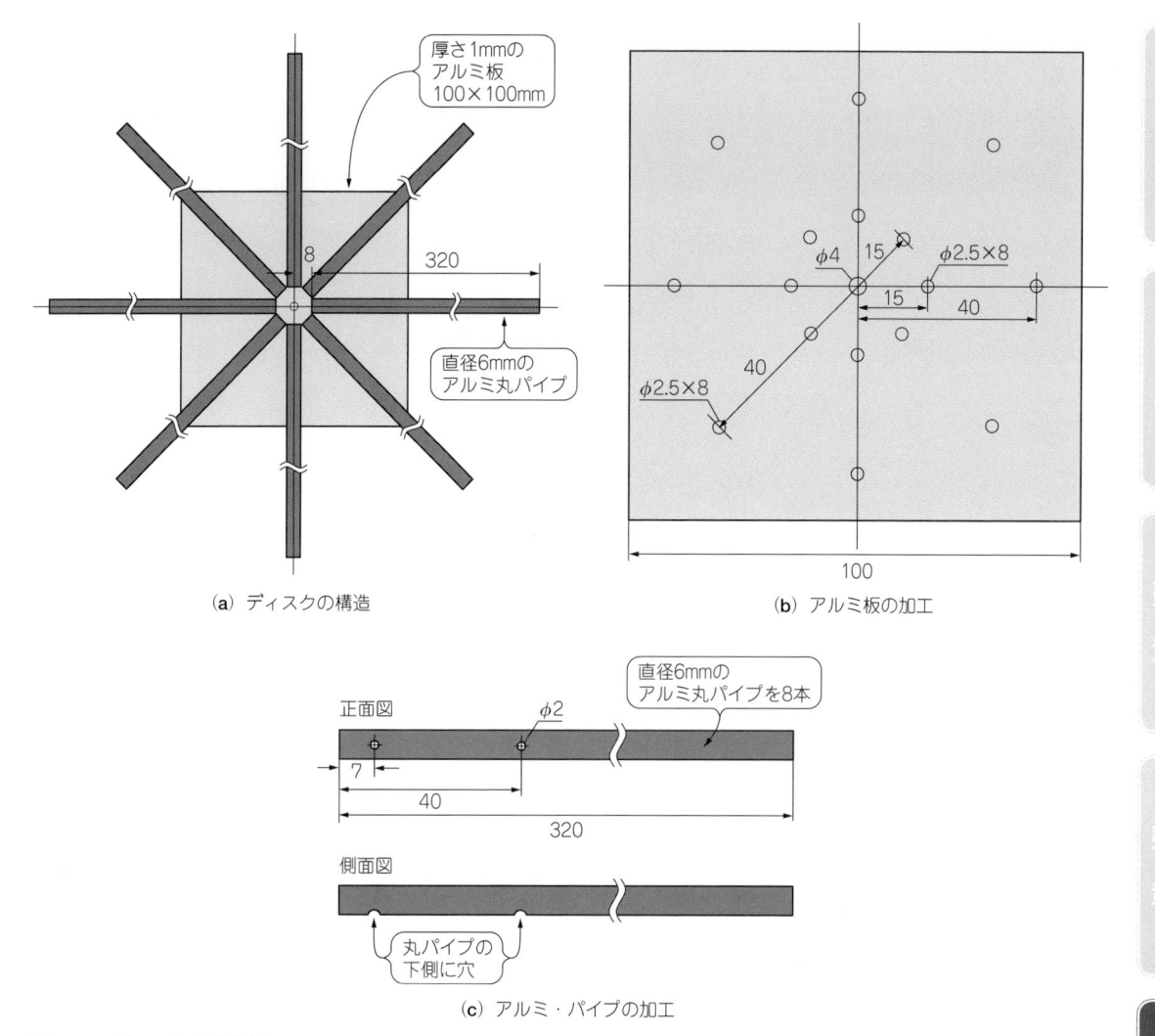

図 5-7 ディスクの製作図

(a) ディスクの構造
(b) アルミ板の加工
(c) アルミ・パイプの加工

　ディスクの直径 D が 0.65m とすると，0.15λ になる周波数は約 69MHz なので，FM 放送も受信できるアンテナになります．

● ディスクの製作

　図 5-7 は，ディスクの製作図です．この大きさのディスコーン・アンテナでは，円盤状のディスクと円錐状のコーンとするのは無理なので，ディスクはアルミ・パイプとアルミ板で製作します．ディスクの構造は，**図(a)**のように，直径 5 ～ 6mm，長さ 320mm のアルミ・パイプ 8 本を中心から 8mm 離して円状に配置します．すると，ディスクに見立てたアルミ・パイプの両端は 656mm になります．

(a) アルミ・パイプの周りに切り込みを入れる　　　(b) アルミ・パイプを折り曲げて切断

写真 5-6　アルミ・パイプの切断

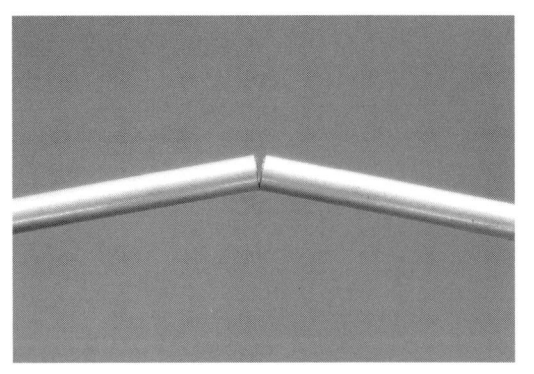

▶ アルミ板の加工

　厚さ 1mm,大きさ 100×100m のアルミ板は,アルミ・パイプを取り付けるベースです.図(b)のように,アルミ板の中心に直径 4mm の穴を 1 個と直径 2.5mm の穴を 16 個をあけます.4mm の穴は,ディスクをコーンに取り付けるネジ穴で,2.5mm の穴はアルミ・パイプを取り付けるタッピング・ネジの穴です.

▶ アルミ・パイプの加工

　写真 5-6(a)のように,アルミ・パイプにカッターナイフで切り込みを入れ,**写真**(b)のように折り曲げて切断します.そして,切断したアルミ・パイプに,図(c)のように 2mm の穴をあけます.アルミ・パイプに直接 2mm の穴をあけようとするとドリルのキリが滑るので,ポンチまたは 1mm のキリでマークしてから 2mm の穴を開けるようにします.

▶ アルミ板にアルミ・パイプを取り付ける

　アルミ板の上にアルミ・パイプを乗せて,アルミ板の下からタッピング・ネジ(直径 2.6mm,長さ 6mm)で取り付けます.**写真 5-7** は,8 本のアルミ・パイプを取り付けたディスクです.

● コーンの製作

　図 5-8 はコーンの製作図です.コーンの構造は図(a)のように,呼び径 25mm の水道用止水キャップ(外径 40mm,長さ 59mm)に,長さ 900mm のアルミ・パイプ 4 本を取り付けてコーンに見立てます.

▶ 水道用止水キャップの加工

　図(b)のように,水道用と止水キャップに厚さ 0.3mm で 50×150mm のアルミ板を巻きます.そして,**写真 5-8** のように,止水キャップにアルミ板をタッピング・ネジで止めてから,4mm の穴を 2 ケ所あけます.また,止水キャップの上部はヤスリで平らにし,ディスクを取り付ける 4mm の穴を開けます.

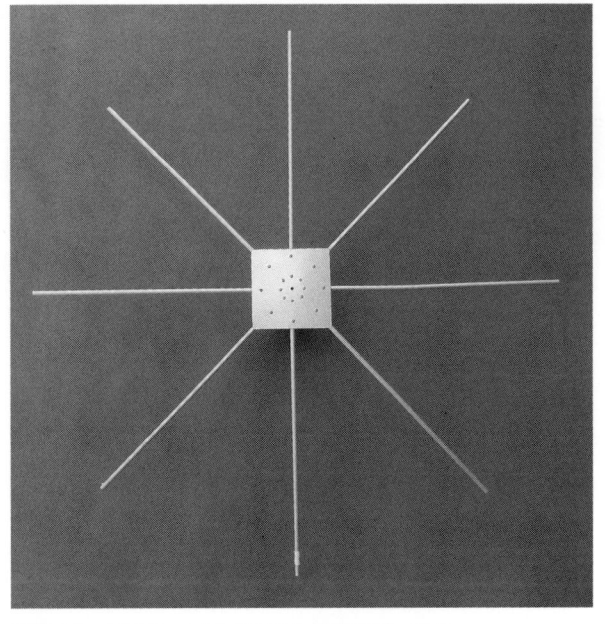

写真 5-7　アルミ・パイプとアルミ板のディスク

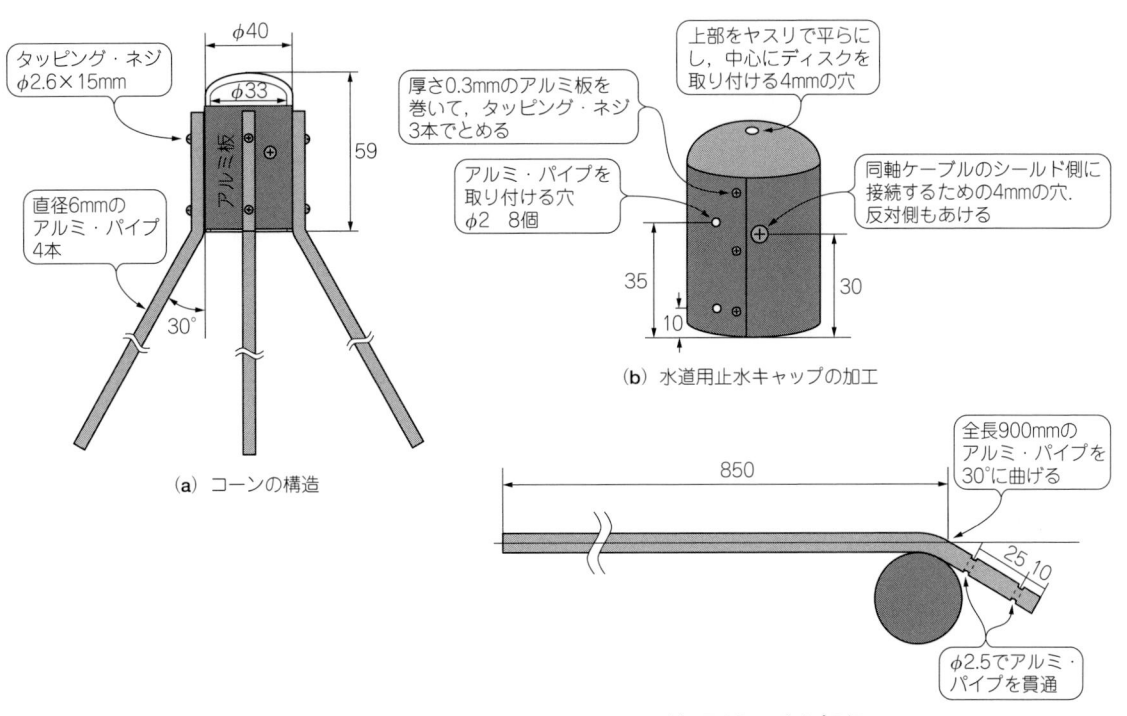

(a) コーンの構造

- タッピング・ネジ φ2.6×15mm
- φ40
- φ33
- 59
- 直径6mmのアルミ・パイプ 4本
- 30°

(b) 水道用止水キャップの加工

- 上部をヤスリで平らにし、中心にディスクを取り付ける4mmの穴
- 厚さ0.3mmのアルミ板を巻いて，タッピング・ネジ3本でとめる
- アルミ・パイプを取り付ける穴 φ2　8個
- 同軸ケーブルのシールド側に接続するための4mmの穴．反対側もあける
- 35
- 30
- 10

(c) アルミ・パイプの加工

- 850
- 全長900mmのアルミ・パイプを30°に曲げる
- 25
- 10
- φ2.5でアルミ・パイプを貫通

図 5-8　コーンの製作図

5-3　ディスコーン・アンテナの製作

写真 5-8　止水キャップにアルミ板を巻く　　　　　　写真 5-9　同軸ケーブルを接続する

▶ アルミ・パイプの加工

　直径 6mm，長さ 900mm のアルミ・パイプを，図(c)のように 30°に曲げます．曲げるときは，直径 30〜50mm の円柱を台にして，ようすを見ながら力を加えます．そして，アルミ・パイプの 2ケ所に，直径 2.5mm の穴をあけておきます．

● ディスコーン・アンテナを組み立てる

▶ ディスクを水道用止水キャップに取り付ける

　同軸ケーブルをマストになる塩ビ製水道管の中を通してから，ディスクとコーンを 4mm のネジで止めます．次に，写真 5-9 のように，同軸ケーブルの芯線と外側の網線に 4mm の圧着端子を取り付けてから，芯線をディスクに，編み線を水道キャップのアルミ板にネジ止めします．

▶ アルミ・パイプを水道用止水キャップに取り付ける

　水道用止水キャップの 4 方向に，写真 5-8 のようにアルミ・パイプの穴に合わせて 2mm の穴をあけ，タッピング・ネジ(直径 2.6mm，長さ 15mm)でアルミ・パイプを取り付けます．

　写真 5-10 は，完成してマストに取り付けたディスコーン・アンテナです．利得は期待できませんが，70 〜 1000MHz まで使える便利なアンテナです．

写真 5-10　完成したディスコーン・アンテナ

5-3　ディスコーン・アンテナの製作

索　引

【記号・数字】

1.5D-2V ······································· 56
2SK241 ······································· 74
3C-2V ······································· 112
3D-2V ······································· 112
78L08 ·· 65
78N08 ·· 65
π型フィルタ ························· 49, 58

【A】

AGC ·· 40
Avg. ·· 41

【B】

BW(Band width) ······················· 72

【C】

C性 ··· 106

【D】

DBM ··· 95
Despread ···································· 40
DS-DT305 ···························· 14, 56
DSP ··· 14

【E】

e4000 ·· 14
Ext IO Frequency Options ············ 41
ExtIO ································· 22, 36

【F】

fc0012 ······································· 14
fc0013 ······································· 14
fc2580 ······································· 14
Freq Mag ··································· 44
F型プラグ ································· 76

【H】

HDSDR ······························ 15, 36

【I】

ICピッチ ································· 101
I信号 ······································· 14

【L】

LCフィルタ ······························ 48
LC共振回路 ····························· 72
LT-DT306 ·································· 14
LT-DT309 ·································· 14
L型アンテナ ··························· 113
L性 ·· 106

【M】

MAR-2 ······································ 62
MAR-8 ······································ 62
MOS FET ·································· 74
Mute ··· 42
M型コネクタ ···························· 57

【N】

NB ·· 39
Notch ·· 40
NR ·· 39

【Q】

Q(Quality factor) ················· 51, 72
Q 信号 ··························· 14

【R】

RBW ····························· 41
RTL2832U ························ 14

【S】

SDR ····························· 12
SIP ····························· 99
Speed ··························· 41

【T】

TA7458P ························· 93
T 型フィルタ ···················· 49, 51

【U】

USB 延長ケーブル ················· 57

【V】

Visual C++ ······················ 27
V 型アンテナ ···················· 113

【Z】

zadig.exe ······················· 32
Zoom ···························· 41

【あ・ア行】

インピーダンス・マッチング ······· 63, 67
ウォーターフォール ··············· 38, 40
エア・バンド ···················· 36
オーバートーン発振回路 ············ 95
オス/メス変換アダプタ ············ 76
音声帯域フィルタ ················· 39

【か・カ行】

カットオフ周波数 ················· 50, 58
ガラス・コンポジット基板 ·········· 52
簡易アンテナ ···················· 36
簡易信号発生器 ·················· 80, 83
干渉妨害 ························ 72
輝度 ···························· 41
空芯コイル ······················ 52, 59
クリスタル・コンバータ ············ 92
結合係数 ························ 54
減衰帯域 ························ 48
減衰特性 ························ 58
減衰量 ·························· 51, 58
コイルの形状 ···················· 52, 59
高周波ノイズ ···················· 57
広帯域アンプ ···················· 62
交流負荷 ························ 95
コルピッツ発振回路 ··············· 96
混合回路 ························ 93
コントラスト ···················· 41
混変調 ·························· 58

【さ・サ行】

最低受信周波数 ·················· 114
サウンド・カード ················· 36
サウンド・デバイス ··············· 36
サンプリング・レート ············· 42
磁界 ··························· 108
指向性 ·························· 110
周波数スペクトラム ··············· 38
周波数変換 ······················ 95
順方向アドミタンス ··············· 74
乗算回路 ······················· 105
信号処理 ························ 39
水晶振動子 ······················ 83, 95
垂直偏波 ······················· 108
水平偏波 ······················· 108

スーパーヘテロダイン方式・・・・・・・・・・・・・12
選択度・・・・・・・・・・・・・・・・・・・・・・・・・・・・・・72
ソフトウェア・ラジオ・・・・・・・・・・・・・12, 15

【た・タ行】

帯域幅・・・・・・・・・・・・・・・・・・・・・・・・・・・・・72
ダイレクト・コンバージョン方式・・・・・・・12
ダブル・バランスド・ミキサ・・・・・・・・・・95
中間周波数・・・・・・・・・・・・・・・・・・・・・・・・12
中心周波数・・・・・・・・・・・・・・・・・・70, 73
直交ミキサ・・・・・・・・・・・・・・・・・・・・・・・・13
通過帯域・・・・・・・・・・・・・・・・・・・・・・・・・・48
ディスコーン・アンテナ・・・・・・・・・・・・114
デバイス・メニュー・・・・・・・・・・・・・・・・・33
電界・・・・・・・・・・・・・・・・・・・・・・・・・・・・・110
電磁結合・・・・・・・・・・・・・・・・・・・・・・・・・・54
電力利得・・・・・・・・・・・・・・・・・・・・・62, 74
同軸ケーブル・・・・・・・・・・・・・・・・・・・・・・55
特性測定・・・・・・・・・・・・・・・・・・・・・・・・・・57
ドライバのインストール・・・・・・・・・・・・22
トリマ・コンデンサ・・・・・・・・・・・・・・・・83
ドレイン電流・・・・・・・・・・・・・・・・・・・・・・74

【な・ナ行】

長岡係数・・・・・・・・・・・・・・・・・・・・・・・・・・52
入出力インピーダンス・・・・・・・・・50, 58
入力容量・・・・・・・・・・・・・・・・・・・・・・・・・・74

【は・ハ行】

バイアス抵抗・・・・・・・・・・・・・・・・・・・・・・63
ハイパス・フィルタ(HPF)・・・・・・・48, 52

波長・・・・・・・・・・・・・・・・・・・・・・・・・・・・・109
バンドエリミネーション・フィルタ(BEF)
・・・・・・・・・・・・・・・・・・・・・・・・・・・・・・・48
バンドパス・フイルタ(BPF)・・・・・・48, 61
半波長ダイポール・アンテナ・・・・・・・・110
ピアース CB 回路・・・・・・・・・・・・・・・・・・96
プリセレクタ・・・・・・・・・・・・・・・・・・・・・・72
変換利得・・・・・・・・・・・・・・・・・・・・・・・・・101
ホモダイン方式・・・・・・・・・・・・・・・・・・・・13
ポリ・バリコン・・・・・・・・・・・・・・・・・・・・74
ポリウレタン銅線・・・・・・・・・・・・・・・・・・52

【ま・マ行】

マイクロ・インダクタ・・・・・・・・・・・・・・95
ミス・マッチング・・・・・・・・・・・・・50, 63
ミニサーキット・・・・・・・・・・・・・・・・・・・・62
無指向性・・・・・・・・・・・・・・・・・・・・・・・・・114
メッシュ・アース・・・・・・・・・・・・・・・・・・52
モノバンド・コイル・・・・・・・・・・・・・・・・97
漏れ磁束・・・・・・・・・・・・・・・・・・・・・・・・・・52

【や・ヤ行】

ユニバーサル基板・・・・・・・・・・・・・・・・・・52

【ら・ラ行】

リアクタンス・・・・・・・・・・・・・・・・・・・・・・49
利得調整・・・・・・・・・・・・・・・・・・・・・・・・・・98
ローパス・フィルタ(LPF)・・・・・・13, 48, 58

【わ・ワ行】

ワンセグ・チューナ・・・・・・・・・・・・12, 14

〈著者略歴〉

鈴木 憲次（すずき・けんじ）

1946 年　名古屋市に生まれる
現　在　愛知県立豊川工業高等学校　情報システム科　非常勤講師
〈おもな著書〉
- トラ技 ORIGINAL No.2　ディジタル IC 回路の誕生，1990 年 3 月，CQ 出版社
- 高周波回路の設計・製作，1992 年 10 月，CQ 出版社
- ラジオ＆ワイヤレス回路の設計・製作，1999 年 10 月，CQ 出版社
- トランジスタ技術　2000 年 8 月号　特集「基礎から学ぶロボットの製作」，CQ 出版社
- 最新電子回路入門，2004 年 4 月，実教出版（共著）
- 無線機の設計と製作入門，2006 年 9 月，CQ 出版社
- エアバンド受信機の実験，2008 年 9 月，CQ 出版社
- 地デジ TV 用プリアンプの実験，2009 年 5 月，CQ 出版社（共著）
- 新版　電気・電子実習 3，2010 年 6 月，実教出版（共著）

おわりに

　市販されている広帯域受信機に比べると，USB 接続のワンセグ・チューナを使った広帯域受信機の性能は低くなります．かかるコストは，十数万円と数千円ほどの違いがありますから，その点は，理解したうえで試してみるのが良いと思います．ただし，想像以上に手軽に，そして良く聞こえ，安定度の良いラジオを作ることができるでしょう．

　この SDR のもっとも大きな弱点は，パソコンから発射される電磁波（電波）の影響です．何台かのパソコンでテストしましたが，ディスクトップ・パソコンのほうがノート・パソコンよりも電磁波の発射が少ない結果になりました．

　本書にもあるように，ワンセグ・チューナをパソコンから離したり，シールドすることで，ある程度の電磁波の影響は少なくできますが，USB ケーブルを伝ってくる電磁波には対処できません．また室内アンテナでの受信時では，影響を受けやすいため，アンテナとパソコンの間隔をとる必要があります．

　パソコン画面上の周波数スペクトラム波形をながめていると，高機能受信機そのものです．受信機としては問題なく使えるので，いろいろな電波を受信して楽しんでみてください．

2013 年 8 月　筆者

```
                 本書のサポート・ページ

              http://mycomputer.cqpub.co.jp/
```

- ●本書記載の社名，製品名について ── 本書に記載されている社名および製品名は，一般に開発メーカーの登録商標または商標です．なお，本文中では ™，®，© の各表示を明記していません．
- ●本書掲載記事の利用についてのご注意 ── 本書掲載記事は著作権法により保護され，また産業財産権が確立されている場合があります．したがって，記事として掲載された技術情報をもとに製品化をするには，著作権者および産業財産権者の許可が必要です．また，掲載された技術情報を利用することにより発生した損害などに関して，CQ出版社および著作者ならびに産業財産権者は責任を負いかねますのでご了承ください．
- ●本書付属のCD-ROMについてのご注意 ── 本書付属のCD-ROMに収録したプログラムやデータなどを利用することにより発生した損害などに関して，CQ出版社および著作者は責任を負いかねますのでご了承ください．
- ●本書に関するご質問について ── 文章，数式などの記述上の不明点についてのご質問は，必ず往復はがきか返信用封筒を同封した封書でお願いいたします．ご質問は著者に回送し直接回答していただきますので，多少時間がかかります．また，本書の記載範囲を越えるご質問には応じられませんので，ご了承ください．
- ●本書の複製等について ── 本書のコピー，スキャン，デジタル化等の無断複製は著作権法上での例外を除き禁じられています．本書を代行業者等の第三者に依頼してスキャンやデジタル化することは，たとえ個人や家庭内の利用でも認められておりません．

R 〈日本複製権センター委託出版物〉
本書の全部または一部を無断で複写複製（コピー）することは，著作権法上での例外を除き，禁じられています．本書からの複製を希望される場合は，日本複製権センター（TEL：03-3401-2382）にご連絡ください．

ワンセグUSBドングルで作る
オールバンド・ソフトウェア・ラジオ

CD-ROM付き

2013年9月1日 初版発行

© 鈴木 憲次 2013
（無断転載を禁じます）

著者　鈴木　憲次
発行人　寺前　裕司
発行所　CQ出版株式会社
〒170-8461 東京都豊島区巣鴨1-14-2
電話　編集　03-5395-2124
　　　販売　03-5395-2141
振替　00100-7-10665

乱丁，落丁本はお取り替えします
定価はカバーに表示してあります

ISBN978-4-7898-1893-3

編集担当者　今　一義
DTP　西澤　賢一郎
印刷・製本　三晃印刷株式会社
Printed in Japan